突发自然灾害网络舆情风险评价研究

秦　琴　谢健民　著

中国财经出版传媒集团

图书在版编目（CIP）数据

突发自然灾害网络舆情风险评价研究/秦琴，谢健民著．—北京：经济科学出版社，2021.8
ISBN 978 -7 -5218 -2755 -2

Ⅰ.①突… Ⅱ.①秦…②谢… Ⅲ.①自然灾害－互联网络－舆论－风险评价－研究 Ⅳ.①X43②G206.2

中国版本图书馆 CIP 数据核字（2021）第161489号

责任编辑：刘怡斐
责任校对：王京宁
责任印制：王世伟

突发自然灾害网络舆情风险评价研究
秦　琴　谢健民　著
经济科学出版社出版、发行　新华书店经销
社址：北京市海淀区阜成路甲28号　邮编：100142
编辑部电话：010－88191348　发行部电话：010－88191522
网址：www.esp.com.cn
电子邮箱：esp@esp.com.cn
天猫网店：经济科学出版社旗舰店
网址：http://jjkxcbs.tmall.com
北京财经印刷厂印装
710×1000　16开　8.75印张　220000字
2021年9月第1版　2021年9月第1次印刷
ISBN 978－7－5218－2755－2　定价：38.00元
（图书出现印装问题，本社负责调换。电话：010－88191510）

前　　言

近年来，随着我国互联网普及率的不断升高，当突发自然灾害时，往往很快就在网络上引发人们的大量关注及讨论，由此引发的网络舆情一般具有一定的风险，如何合理、及时地监测到舆情和正确认识舆情风险是亟待解决的新问题。本书研究的核心点在于突发自然灾害事件情境下，尝试构建出舆情风险监测指标体系，评价事件导致的网络舆情风险大小和轻重程度，并对不同风险程度的舆情给予相应的解决方案。本书以近年来的突发自然灾害事件为背景，聚焦并进行了以下三个方面的研究。

1. 研究突发自然灾害网络舆情风险监测体系

针对突发灾害的不确定性和网络舆情蔓延速度快的特点，首先研究的问题是突发灾害网络舆情风险监测体系中指标的选取。以突发灾害为整体研究的切入点，梳理突发灾害发生过后在网络上引发网络舆情的过程中可能存在并转化为舆情风险的影响要素，根据影响因素建立风险监测指标体系，为后续突发灾害网络舆情风险评价的开展提供分析依据。此部分将重点解决两个问题。

第一，突发灾害网络舆情风险监测指标选取。在突发灾害事件的发展演化过程中，表征突发事件网络舆情风险的特征间存在着错综复杂的联系，并反映着突发灾害网络舆情风险扩散的态势。研究将突发灾害理论和舆情信息传播理论相结合并作为理论基础，综合使用德尔菲法、主成分分析及相关性分析，将其运用于突发灾害网络舆情风险监测体系的构建中，探寻舆情风险监测的构建原理及各分类指标的划分依据，围绕每一维度指标特点，提出多层次的指标说明，并结合实际情况对指标的衡量机制进行了解释，最终初步建立了突发灾害网络舆情风险监测指标。

第二，突发灾害网络舆情风险监测指标优化选择。监测指标体系建立后，依次采用德尔菲法、主成分分析法和相关性分析法进行指标筛选，之后采用熵权法进行赋权处理。德尔菲法可初步保证所选指标的可靠性，主成分分析法采取“降维”思想，识别出影响程度大的指标，相关性分析法则可降低指标体系的冗余度，保证指标的客观性。经过多种方法对初始指标进行层层筛选，最终构建出一个由 16 项末级指标构成的指标体系。

2. 研究突发灾害网络舆情风险评价模型

为提高突发灾害网络舆情处置应对效率，进一步降低舆情次生负面影响，需根据突发灾害网络舆情风险特征、传播规律和应对目标等，将突发自然灾害网络舆情风险监测指标体系作为风险评价的指标依据。参考优选后的突发灾害网络舆情风险监测指标体系，结合实际突发灾害情景信息，确定影响突发灾害网络舆情风险的因素集，再结合历史典型案例，通过投影寻踪和加速遗传算法，利用“降维”思想，将影响灾害网络舆情风险判定的多个指标因素（高维数据）通过映射投影到一维空间，从而建立突发灾害网络舆情风险评价模型，即经遗传算法优化的投影寻踪耦合评价模型，该模型首次应用于舆情评价领域，丰富了舆情评价方法库。

通过对突发灾害网络舆情风险爆发情况的判定，模拟提取表征不同的突发灾害网络舆情信息，构建灾害舆情评估模型，并以此为依据按照一定的原则，划分突发灾害网络舆情风险等级，提出针对各风险等级的应对措施。网络舆情风险等级细化为四个等级，最大限度地反映突发灾害网络舆情风险变化走势。舆情风险等级的划分有利于舆情风险评价在实际生活中的应用，使得风险评价得到更直观的呈现，对本书舆情风险评价起到辅助作用。此外，它还具有以下两个方面的优点：一方面，能为政府相关部门有针对性、计划性地开展突发灾害网络舆情后续应对工作提供现实依据和智力支持，减少社会次生危害发生的可能性；另一方面，根据突发灾害网络舆情风险评价体系，追溯到源头开展网络舆情预警监测工作，降低类似突发灾害或者突发事件再次发生的概率。

3. 研究舆情风险应对策略

基于舆情风险的评价结果，舆情风险被划分为四个等级，每个等级的舆情风险危害程度各不相同，所采取的应对方案因等级而异。因此，从舆情风险等级方面考量，分别从政府部门、网络媒体、其他社会组织、网民个人四个层面建立针对等级的舆情应对策略，并且从强化他们各自社会责任的角度出发，对它们自身的行为提供了舆情风险应对策略的建议。

本书的理论贡献主要体现在三个方面。（1）首次建立了自然灾害事件网络舆情的风险监测指标体系。拓展了舆情风险指标理论，为自然灾害事件舆情提供了一套科学的风险评价方案，有效地弥补和充实了舆情风险评价的难题，发展了舆情评价的理论体系。(2) 分析了遗传算法改进的投影寻踪模型用于舆情评价研究的适用性和可能性，并对耦合模型进行了调优。(3) 搭建了用于舆情风险评价的 AGA - PP 耦合理论模型，拓展了舆情研究的定量模型应用。

笔者为西南科技大学经济管理学院教师，本书中出现的不足之处，请各位专家学者批评指正。

秦琴
2021 年 6 月

目　　录

第1章　绪　　论

1.1　研究背景

宏观方面，自然灾害是自然界地质运动或其他运动对人类的生产、生活造成的破坏，是由于自然界自身或人类活动引发的，对人类社会经济系统起到破坏作用的自然界异常变化。同自然灾害抗争，不断地降低其对人类的危害程度是人类生存、发展的永恒课题。

根据中国科学院上海天文台2011年的研究结果，太阳自2011年开始进入活跃期，它会给地球带来巨大的影响，相应地可加剧地球的活动，这是全球重大自然灾害频发的根本原因。自然灾害发生后，会严重地影响着人类的生存和发展，给人类社会造成巨大的损失，如何高效地应对自然灾害已成为当今人类社会面临的重大挑战。

中国由于地域广阔、地形丰富多样，涵盖多种气候、地质、地貌等，因多样性与复杂性而易受自然灾害的侵犯，是世界上自然灾害发生频率最高的国家之一，根据2000~2017年国家统计局环境统计数据显示，我国自2000年以来，自然灾害的年度发生次数呈现出增加的趋势。以2018年我国自然灾害发生的情况为例，爆发频率较多的自然灾害为洪涝、台风、干旱和地震等，同时风雹、雪灾、低温、崩塌、滑坡、泥石流和森林火灾等灾害也有不同程度发生。通过国家统计局对2018年自然灾害数据汇总可知，各种自然灾害共造成我国1.3亿人次受灾，589人死亡，46人失踪，524.5万人次紧急转移安置；9.7万间房屋倒塌，23.1万间房屋严重损坏，120.8万间房屋一般损坏；农作物受灾面积达20814.3千公顷，其中绝收面积为2585千公顷；直接经济损失达2644.6亿元。①

---

①　①中国应急网：应急管理部、国家减灾委办公室发布2018年全国自然灾害基本情况，http：//aj.china.com.cn/contents/35/29014.html？from=timeline。

微观方面，自然灾害网络舆情不仅会对国家层面造成影响，成为社会不稳定的因素，还会对企业的生产和运营、农产品销售等带来深刻的影响。其中企业和农产品生产方的利益受舆情影响程度更高。就企业而言，一旦发生自然灾害，所在地区的企业生产都会受到网络舆情不同程度的影响，企业的不良竞争对手可能会发布敌对信息，乘机诋毁企业声誉，不明真相的网民会轻信网络不实信息，从而对企业造成负面影响，甚至影响企业的生存，因此企业开始重视自然灾害舆情对自身的影响。就农产品而言，由于其依靠气候条件十分显著，恶劣的气候对农产品的生长有直接影响，当网络上出现气候影响农产品生产的过分报道，加之网民的臆想，很容易使相关农产品销量下降，造成滞销，最终给相关利益者带来巨大损失。因此，农产品生产方也开始重视气候灾害在网络上的言论对农产品生产和销售带来的影响。

例如农产品滞销，2017 年，河南省中牟县由于低温和异常降雪的原因导致苹果滞销，从而影响苹果的质量，新闻媒体报道之后，销售区域众多网民的关注和评论转帖进一步导致苹果的滞销，给当地农民来了巨大的冲击。又如 2008 年 5 月 12 日，发生的“汶川特大地震”对地处四川省绵竹震区的剑南春酒厂的建筑物和设备造成了破坏，损失了近 40% 的陈酒，直接经济损失达 10 亿元，之后网络上出现了“地震过后，剑南春酒口感变差”等负面的不实言论，使销售额接连下降，加剧了剑南春集团的损失，2008 年仅完成了年初目标的 80%，此次事件是典型的因为自然灾害和其引发的网络不实言论对企业造成重大损失的事例。此外，在我国东南沿海地区，每年的台风都对当地企业经营造成一定的影响，例如受 2018 年台风“山竹”的影响，造成地处广东省台山市的生产制造企业停产、停工，地处台风重灾区的上市公司股价下跌以及我国香港证券交易所休市等；部分网民借台风肆虐机会制造不实言论。例如有网友发文称“深圳平安金融中心玻璃墙脱落”并配有图片，该消息在朋友圈广为流传，随后平安公司及时地进行了辟谣，称“玻璃墙完好，大楼阻尼器摆幅在安全范围以内”。由此可见，自然灾害发生时，不少所在地的企业应对自然灾害采取了风险管理，以尽可能地降低自然灾害对企业造成的损失，当网络上出现对企业造成损害的言论时，企业进行了及时辟谣，防止了网络舆情进一步地恶化、变质对企业造成的更大影响。综上所述，自然灾害事件以及网络舆情会对社会各单位产生深刻的影响，这也使自然灾害网络舆情引起了人们的广泛重视。

伴随着社会公众安全意识的逐渐增强，自然灾害造成的社会安全问题越来越受到公众的关注。以中国知网为数据检索资源库，以“灾害”“舆情”为检索关键词，笔者绘制出 2006 ~ 2018 年有关我国灾害网络舆情文献发表的分布情况，整体呈现数量增长的趋势，自然灾害事件引起的网络舆情已逐渐成为学界研究热点（见图 1 – 1）。

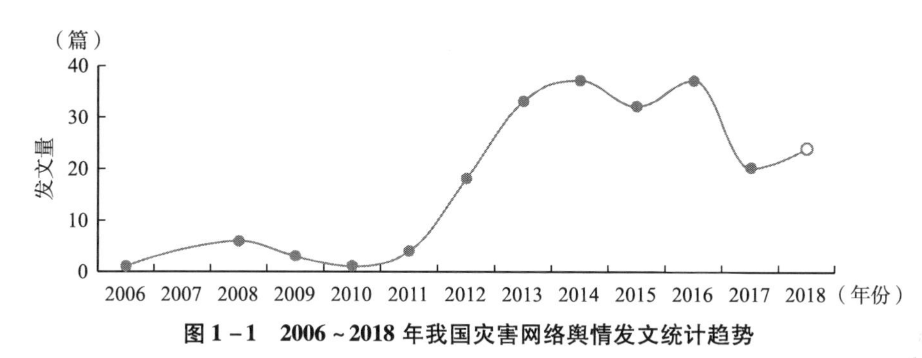

图 1 – 1　2006 ~ 2018 年我国灾害网络舆情发文统计趋势

资料来源：笔者整理。

通过进一步可视化分析观察，根据图谱显示，与“灾害”“舆情”关键词相关性较高的关键字是“网络舆情”“突发事件”“舆论引导”“应急管理”“突发公共事件”等（见图 1 – 2）。

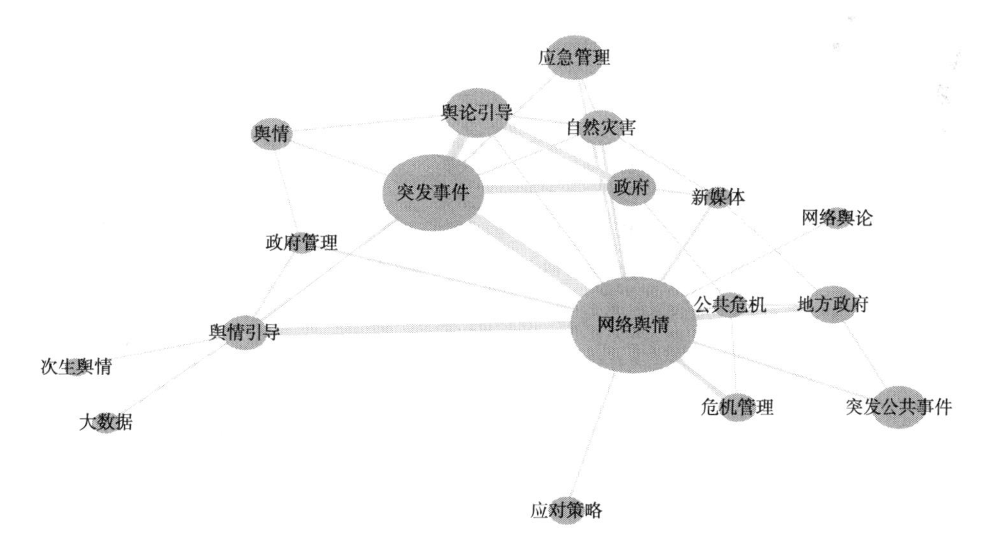

图 1 – 2　2006 ~ 2018 年我国灾害网络舆情发文相关性分析

资料来源：笔者整理。

由于现实生活中的自然灾害往往会引发网络舆情，因此，网络传播环境下政府部门在对灾害事件做应急管理的同时，越来越需要兼顾网络的舆情引导。这说明突发事件、网络舆情、应急管理与舆论引导之间联系确实较为紧密，它们之间具有较强的相关性，也说明自然灾害突发事件发生后往往容易形成网络舆情，民众对政府应急管理能力及其公信力有了越来越高的期待与要求。但是，在当今网络媒体快速发展、民众中网民群体进一步扩大、网民参与平台日益增多和完善的情境下，如果政府部门应对自然灾害事件本身处理不周或舆情引导工作开展不及时，容易造成谣言肆虐、社会恐慌以及次生隐形风险等不可逆转、难以控制的后果。

目前，就人类防灾减灾的水平而言，突发灾害的发生是难以避免和阻止的，面对频频出现的突发灾害，如何采取积极的应对措施，已成为世界各国必须持续面对的重大问题。近几年，各国应对印度洋海啸、“5·12”汶川特大地震、重大台风袭击等突发灾害的实践表明：尽管很多灾害的发生难以避免和阻止，但通过科学的应对方法是能够有效地降低灾害损失，规避次生危害，这些方法包括应急管理与舆情控制。

灾害事件反映在网络上会引起潜在危险。以互联网为基础的现代网络社交作为第四媒体，具有较高的自由度与较强的交互性。大量类似突发事件表明，互联网已经成为网民思想文化的集散地和社会舆论的放大器，尤其是突发性的、与公众生命安全或利益直接相关的重大事件或敏感信息一经曝出，大量网民在各种平台发表带个人见解的言论，引起更多人的参与，且每种观点态度可在短时间内迅速凝聚，犹如溪流最终汇聚成大河般浩荡。大量网络舆情由此产生，进而引起全社会的高度关注。

一般来说，网民参与舆情讨论的场所分为两种，一种为网络空间即“线上”，另一种为现实空间即“线下”，线上讨论可转为线下讨论，线下亦可翻转，两个舆论场相互转化、相互影响。各类灾害事件发生后，网络上的意见看法实则是网民真实想法的体现，各种观点的相互交织，影响着其他网民对事件进展的评价和政府部门对灾难事件应急管理的方法策略，进而影响事件的处理结果，成为映射线下舆情走势的实时“晴雨表”和反映众多群众观点的突破口，也是影响社会变革和政策制定的重要力量。而舆情在网络上的传播是一把“双刃剑”，借助互联网本身具有的匿名性强、互动性明显和影响范围广等特点，使网民的言论有一定程度的脱离道德和法制的自由，致使网络舆情中存在不健康内容和个人利益色彩浓厚的现象，带来网络负能量和潜在风险，如网络谣言泛滥、低俗无趣信息的传播、网络暴力横行、舆论绑架等，给舆论安全与社会和谐带来一系列消极影响。对网民个人、企业、政府部门、其他社会组织均可带来不良影响，可以说，网络舆情风险已经成为威胁网络环境安全、增加社会风险系数的重要因素。

针对自然灾害而言，一方面，社会所承载的自然灾害种类很多，人类不合理地开发地球可利用资源，破坏自然界原本运动规律，为地球地质变化埋下了众多隐患；另一方面，经济社会规模迅速扩张，经济高速发展使得城市化更加普遍，人口和财富更加集中于城市，居民对城市的依赖更加紧密，城市存在易损性，这进一步加大了自然灾害的破坏程度，城市面临的风险也就更大。针对突发灾害网络舆情的研究，笔者经过前期的文献收集和分析，发现较多集中在“突发事件网络舆情的引导”“特定自然灾害的预警”“突发灾害风险特征分析”等方面。有学者认为，对突发事件网络舆情的正确引导事关突发事件的解决路径选择；也有学者认为，提高对自然灾害的预警机制，能够从舆论传播的源头上降低不恰当的报道和负面情绪在网络中的快速传播；同时，有观点认为，系统分析突发灾害所具有的风险特征对于积极处置应对灾害带来的次生危机有重要意义。而本研究——突发灾害网络舆情风险研究正是在这种大背景下孕育而生的，有针对性地对突发灾害网络舆情各阶段产生的风险因素进行分析研究，从而加强突发灾害下的政府应急管理能力建设，以及为监管部门的舆情引导提供参考。

然而，在自然灾害舆情的引导和预警之前，对舆情进行合理的风险评价，评价结果可对舆情的引导和预警提供更加有效的参考。突发灾害网络舆情风险受到学界的重视，在已知的面向突发灾害网络舆情风险的研究中，灾害风险估算方法、风险危害后果以及风险自身固有属性是研究的集中点，但缺少舆情风险的评价研究，尤其是定量方法在评价过程中的应用。而且大多数文献未充分考虑自然灾害网络舆情风险评价结果可对舆情引导、预警及应对策略提供参考价值，也缺少对舆情风险等级的研究，而这些是监管部门在自然灾害事件发生后，科学应对网络舆情不可缺少的。

基于上述分析，本研究在综合考虑现阶段我国突发灾害特点、突发灾害网络舆情研究现状以及风险评价研究现状的基础之上，以提升我国政府部门应急管理水平为研究目标，提出了科学、完整的突发灾害网络舆情风险评价体系；可通过舆情风险等级评价结果，系统研究不同传播时期，各灾难事件的网络舆情对民众的危害程度；根据舆情风险等级，识别和分析风险背后的主要成因，政府部门可进行精确的舆情引导，为后续实施应急管理提供研判依据。

1.2 研究意义

1.2.1 理论意义

第一，丰富了网络舆情知识体系。网络舆情风险研究在学术界是一个跨学科的热点研究领域，迄今为止，已有众多学者从不同方面阐释了网络舆情风险的形成机理与相关监测指标。而本研究试图在综合吸取前人研究的基础上，以突发自然灾害为“切入口”，对此类事件引发的网络舆情进行风险感知和评价研究。以此拓展了管理学、情报学、计算机科学以及人工智能领域的研究范围，将研究对象从由人引发的舆情风险深入以人为传播媒介、以自然现象或者事物引发的舆情风险。根据不同传播时期网络舆情特征和灾害构成要素，研究自适应能力强、风险监测效率高的突发灾害网络舆情风险监测评价模型，使突发灾害网络舆情风险研究形成较为系统的理论体系。

第二，细化了舆情风险研究领域。本研究结合自然灾害理论、网络舆情相关理论、风险等级划分理论以及投影寻踪、加速遗传算法等模型，将灾害网络舆情风险在定性描述的基础上进行定量化表示，增加了突发灾害网络舆情的风险检测维度，丰富了突发灾害网络舆情风险监测的理论内涵，形成一个较为全面的突发灾害网络舆情理论体系。构建相应的突发灾害网络舆情风险评价指标体系框架，对研究整体突发灾害舆情风险的综合监测具有一定的理论意义。另外，构建了突发灾害网络舆情风险监测模型、改进的投影寻踪聚类的突发灾害网络舆情风险评价模型，力求从实用性和系统性上为突发灾害网络舆情风险监测活动在实践中的科学决策提供理论支撑，给研究突发灾害网络舆情风险的综合处置应对提供借鉴。

1.2.2 实践意义

本研究可以为实现突发灾害网络舆情风险等级的快速确定和突发灾害应急决策的制定实施提供有效的参考，有助于实现突发事件应急管理决策的现代化和科学化，具有较为广泛的应用前景和推广意义。

具体包括以下四个方面：第一，突发灾害网络舆情风险监测与评价是突发灾害网络舆情应急管理的一项必须工作，其作为应对突发自然灾害和引导治理网络舆情的重要手段，在提高突发灾害网络舆情风险的应急管理处置的能力上有着十分重要的作用。应急管理是否得当？效果是否明显？在很大程度上依赖舆情风险的监测与评价结果。通过风险监测指标可以认定突发自然灾害网络舆情的风险危害程度，侧面评估处置决策方是否具备了应对风险的能力和条件；通过风险评价结果，为舆情的应急管理提供多方位的定量数据作为决策依据。此外，还有利于决策者发现自身应对舆情风险的优势和劣势，从自身出发，在薄弱处精准布局，全方位地提高自身的突发灾害网络舆情风险监测及应急管理能力。

第二，有助于政府相应的管理部门对突发灾害网络舆情风险进行宏观调控。而进行宏观调控的前提是要精准分析影响舆情风险的因素，即“对症下药”。通过建立突发灾害网络舆情风险的监测与评价的指标体系，从多维角度进行审视，这将有效地提高灾害舆情应对预案设计的质量和安全、可靠的程度；通过对突发灾害网络舆情风险的传播途径、致灾因素、受众倾向等表现特征的综合评价，可客观地对突发灾害网络舆情风险监测情况作出结论，依据指标所代表的意义和指标值，可使舆情管理部门掌握舆情风险的具体特征，从而为政府的风险管理提供决策依据，也为政府部门实施宏观控制提供基础资料。

第三，有利于突发灾害网络舆情风险应对方案的合理选择。突发灾害网络舆情风险评价体系可以确定灾害舆情的社会危险性等级，每个风险等级对应着不同的社会危害性，政府部门可根据风险等级向公众发布预警通知，以此来让公众知晓突发灾害网络舆情可能造成风险的大小，培养网民的风险应对意识，以便政府部门选择合理的应对机制来减少突发灾害网络舆情风险带来的损失。例如确定不同类型、不同等级的灾害舆情应急管理措施的投资额度，从而使突发灾害网络舆情风险应对能力建设的投入和可能减少的社会危害趋于合理的平衡状态。

第四，进一步将突发灾害和网络舆情研究相结合，使得本项目的研究成果具有可扩展性。本研究从系统的角度研究突发灾害网络舆情风险监测指标选取问题，指标的选取在舆情发展的全过程均有涉及，向前可延伸至舆情风险的预警阶段，向后可延伸至舆情风险的应急处置和有效疏导；横向能与突发灾害网络舆情应急决策系统、灾害舆情信息管理系统等问题链接，而且本研究所提出的模型与方法及集成仿真平台的设计都有利于推动突发灾害网络舆情风险监测的智能化建设。不仅对于任意类型的自然灾害网络舆情具有模型方法的可移植性，对于处理事故灾难事件、公共卫生事件、群体性事件等突发事件舆情风险监测仍具有借鉴意义。

1.3 研究内容与方法

1.3.1 研究内容

本书研究的焦点在于突发自然灾害事件情境下，提出舆情风险监测指标，探讨事件导致的网络舆情风险大小程度，并对不同风险程度的舆情给予相应的对策建议。本书包含七章主要内容。第1章是绪论，主要阐述本书的研究内容和归纳可能的创新点，提出本书的技术路线，对本研究进行整体概括。第2章是研究现状分析，分别对自然灾害风险理论、投影寻踪、遗传算法进行了理论分析和借鉴。第3章是对突发自然灾害网络舆情风险评价指标体系的构建，从物理属性、信息特征、传播媒体和受众倾向四个方面建立指标，经过德尔菲、主成分等方法的层层筛选，最终选出一、二、三级指标分别为4、14、16的指标体系。第4章是评价模型的构建，使用遗传算法改进的投影寻踪模型来实现舆情风险的评价，通过等级划分来对风险进行更直观的呈现。第5章是实证研究，选取了近年发生的自然灾害案例数据，通过MATLAB进行模型仿真，最终得到投影等级值就是本书的评价结果。第6章是对自然灾害网络舆情风险应对策略进行研究，从政府层面、网络媒体、其他社会组织以及网民等四个方面给出应对策略。第7章是研究结论、理论贡献、对研究不足进行总结以及研究展望。其中，本书研究内容主要是第3、4、5章，即风险监测指标体系、评价模型及对策建议，以下为具体介绍。

（1）突发自然灾害网络舆情风险监测体系的研究。针对突发灾害具有的不确定性以及网络舆情快速蔓延的特点，本研究首要解决的问题是突发灾害网络舆情风险监测体系中指标的选取。以突发灾害为整体研究为切入点，梳理突发灾害发生过后，在网络上演变为网络舆情的过程中可能存在并转化为舆情风险的因素。采用文献梳理，专家调研等方法，为后续突发灾害网络舆情风险评价的开展提供分析依据。此部分重点解决两个问题。

第一，突发灾害网络舆情风险监测指标的选取。在时间序列中，随着突发灾害事件的发展演化，表征突发事件网络舆情风险的特征间存在着错综复杂的联系，并反映着突发灾害网络舆情风险扩散的态势。本研究将突发灾害理论和信息传播理论运用于突发灾害网络舆情风险监测体系的构建中，探寻舆情风险监测的构建原理及各分类指标的划分，并围绕每一维度指标的特点，提出多层次的指标说明，使得突发灾害网络舆情风险监测指标体系在完备、丰富的同时具有动态调整性。

第二，突发灾害网络舆情风险监测指标的优化选择。在对监测指标进行初选后，采用主成分分析法进行指标复筛。主成分分析法所具有的“降维”思想，能够将大量复杂的指标转换为以少数主要综合指标存在的信息，通过分析变量投影变换产生的特征值以及熵权法权重计算，来判定众指标中主要成分的个数、种类及所占比重，集中反映各个指标对突发灾害网络舆情风险的贡献率。

（2）突发灾害网络舆情风险评价模型的构建研究。为提高突发灾害网络舆情处置应对效率、进一步降低舆情次生负面影响，需根据突发灾害网络舆情风险特征、传播规律和应对目标等，将突发自然灾害网络舆情风险监测指标体系作为风险评价的指标依据。参考优选后的突发灾害网络舆情风险监测指标体系，结合实际突发灾害情景信息，确定影响突发灾害网络舆情风险的因素集，结合历史典型案例，通过投影寻踪和加速遗传算法，利用“降维”思想，将影响灾害网络舆情风险判定的多个指标因素（高维数据）通过映射投影到一维空间，从而建立突发灾害网络舆情风险评价体系。

通过对突发灾害网络舆情风险爆发情况的判定，模拟提取表征不同的突发灾害网络舆情信息，构建灾害舆情评估模型，并以此为依据按照一定的原则，划分突发灾害网络舆情风险等级，提出针对各风险等级的应对措施。将突发灾害网络舆情风险等级细化为四个等级，最大限度地反映突发灾害网络舆情风险变化走势。一方面，为政府相关部门有针对性、有计划性地开展突发灾害网络舆情后续应对工作提供现实依据和智力支持，减少社会次生危害发生的可能性；另一方面，根据突发灾害网络舆情风险评价体系反过来从源头开展网络舆情预警监测工作，降低类似突发灾害或者突发事件再次发生的概率。

（3）舆情风险应对策略研究。基于舆情风险的评价结果，舆情风险可划分为四个等级，每个等级的舆情风险危害程度是不同的。因此从舆情风险等级方面考量，分别从政府部门、网络媒体、其他社会组织、网民个人四个层面建立针对等级的舆情应对策略，并且从强化它们各自社会责任的角度出发，对它们自身的行为提供了建议。

1.3.2 研究方法

本研究涉及的研究方法主要有理论分析法、案例研究法、实证分析法和模型研究法。

（1）文献分析法。笔者通过梳理国内外关于舆情风险的最近几年研究成果，进行文献的归纳和总结，基于自然灾害网络舆情的风险特征，力图寻求一种新的突破口，使用一种适合的模型方法来实现本书研究。本书对以下理论和相关文献进行了梳理和总结：自然灾害风险理论、投影寻踪相关理论、遗传算法相关理论、突发事件和自然灾害网络舆情、舆情风险评价和指标评价方法相关的研究。

（2）案例研究。笔者采用若干个富有代表性的自然灾害舆情案例，通过对案例的发生、经过和结果分析，获取真实数据，对案例的深度的分析和研究，得出舆情风险评价的结果供同类事件参考。

（3）实证分析。笔者将相关官方部门及官网发布的数据作为参考依据，根据真实事件，得到真实数据，对其进行舆情风险评估，这样以实例的方式来提高研究的真实性和可靠性。

（4）AGA－PP 耦合模型研究。由于笔者是对舆情风险的评价研究，是一个处理多因素影响的问题，涉及的变量较多，变量之间关系复杂，呈现多维度的特点，因此，单纯的统计学计算方法不再适用。由此，本书采取遗传算法改进的投影寻踪模型来解决舆情风险评价的问题。

1.4 技术路线与研究思路

技术路线图是研究内容的直观反映，可以用概念流程图的方式把研究内容、方法工具和它们之间的联系呈现出来。首先，将自然灾害风险理论、舆情理论、投影寻踪和遗传算法理论结合起来，共同作为本研究的理论基础；然后通过多种定量方法确定舆情风险监测的指标体系，之后基于等级划分；通过获取自然灾害事件的舆情数据，使用遗传算法和投影寻踪在 MATLAB 中搭建的评价模型，对其进行实证研究，最终模型的输出结果便是舆情风险的评价结果。以下是本书的研究技术路线（见图 1－3）。

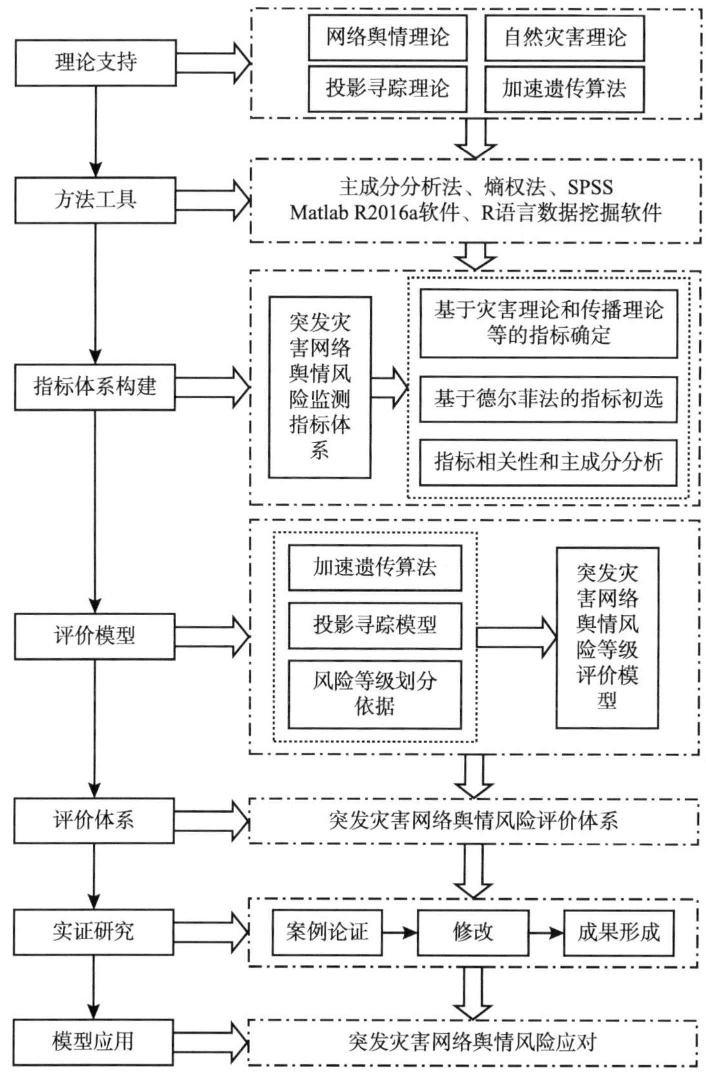

图1－3 本研究技术路线

资料来源：笔者整理。

1.5 研究创新之处

本研究的创新之处具体体现在以下三个方面。

（1）提出和完善了突发灾害网络舆情风险监测评价体系。现有成果主要集中于确定信息下突发灾害风险的等级评定，一些学者也从系统的角度对突发事件网络舆情的监测问题开展研究，而且开始考虑到各类型突发事件对社会稳定运行造成的不同影响。然而，很多研究所考虑的风险形成因素较为单一，较少考虑多种情景因素共同对突发灾害网络舆情风险监测的影响，而且较多的研究从定性角度对舆情风险给予解释，却较少从定量角度针对舆情风险监测及评价作出分析，导致针对突发灾害的舆情风险监测及评价模型较为分散，难以形成系统。本书通过德尔菲法、主成分分析法、相关性分析法、熵权法等构建和优化突发灾害网络舆情风险监测指标，拓展了舆情风险指标理论，为自然灾害事件舆情提供了一套科学的风险评价方案，有效地弥补和充实了舆情风险评价的难题，发展了舆情评价的理论体系。

（2）构建了突发自然灾害网络舆情风险评价模型。通过研读和归纳众多相关研究成果发现，多数成果在设定舆情风险等级时，多从情景设定角度出发，通过问题描述设定特定背景，然后根据判断情景所包含的潜在风险，分析舆情风险能够形成的范围。本研究依据舆情在不同阶段信息传播更新的特征出发，从突发灾害网络舆情应急全过程的视角，通过分析突发灾害网络舆情信息敏感程度、独立主成分分析算法及灾害舆情危害影响因素，选择并划分突发事件网络舆情风险等级的区分因素，以期为这一问题提供新的理论依据。在以往的舆情风险评价模型研究中，少有文献对风险监测指标和风险等级划分指标进行区别比较，其中舆情监测指标体系要求全面、细致，尽可能精细化。而风险等级评估指标体系要求直观、全面，挑选的指标尽可能地简单、直观、富有代表性且易于量化。舆情风险等级的评价判定若不能考虑测量表示的直观性，将导致突发灾害网络舆情风险等级评定差异性较大，甚至严重地影响到处置决策的正确。

（3）通过分析遗传算法改进的投影寻踪模型用于舆情评价研究的适用性和可能性，并对耦合模型进行了调优。最后搭建了用于舆情风险评价的 AGA－PP 耦合评价模型，并且将 AGA－PP 耦合模型与传统的 PP 模型作对比，通过箱线图对两者的精度和稳定度进行直观展示，发现 AGA－PP 不论在精度还是稳定度均优于传统 PP 模型。将 AGA－PP 耦合模型应用在突发自然灾害网络舆情风险评价，拓展了舆情研究的定量模型应用，为舆情评价研究带来新的研究方法和模型。

第2章　理论基础与文献综述

2.1　自然灾害风险理论

联合国环境规划署对灾害风险的解释是某一事件发生的概率，该事件的发生存在随机性，既可能逐渐发生也可突然爆发，这与它的地理位置、暴露程度等有关。日本亚洲减灾中心对于灾害风险的认定是基于危险性、暴露程度以及脆弱程度的集合，是导致人类损失的某种危险因素的期望值。我国将自然灾害视为突发事件的一种，由其引起的未知风险可对人类生产、生活造成巨大的影响，灾害风险的特征表现为分布范围的广泛性、环境表现的区域性、爆发程度的不确定性、时间上的周期性、损害结果的不可重复性和不利性以及灾害本身所具有的相互关联性。因此，针对自然灾害的研究主要集中在以下三个方面。

第一，致灾因子论。自然灾害风险形成的前提条件是具备导致风险发生的因素，如滑坡、泥石流等地质灾害；如风暴潮、沙尘暴等气象灾害；如酸雨、水土流失等环境灾害。这些前提条件的存在既从根本上决定了灾害风险是否发生，同时也决定了灾害对人类产生影响或者风险的大小。致灾因子可以看成是自然现象出现异常变化的临界值，当聚集的某种致灾因子变化程度逐渐增大，意味着灾变的可能性增加，其危险性就越高。

第二，承灾体论。是指自然灾害发生后，承受灾害影响的事物，即受到损害的对象，一般包括人类生命和社会资源。对于承灾体，其主要表现特征是自身的暴露性和脆弱性。暴露性作为承灾体的外在属性，指的是承灾体（生命以及社会经济）在受到人口、地理、环境等因素的影响下，伴随着空间和时间的动态变化而表现出的显现程度。脆弱性是承灾体的内在属性，表现为当自然灾害风险来临时，承灾体自身具备或者拥有的应对能力、抵抗和恢复能力。作为承灾体最本质的表现特征，脆弱性分为自然脆弱性和社会脆弱性，前者重在强调系统受到灾害而引发的伤害程度，即是系统一定数量的损失。它可以表现为人员伤亡、生态系统损失，也可以表现为经济损失等形式；后者侧重说明灾害事件发生之前，人类社会系统的内在表现状态。

第三，孕灾环境理论。所谓孕灾环境，是指孕育产生自然灾害的环境，包括生物圈、大气圈、水圈等组成的自然地表环境和人类社会圈所构成的非自然环境。但这些环境并不是简单的组合叠加，而是一系列能量流动和循环变化的过程。此外，孕灾环境所具有的属性特征，如地带性、非地带性，波动性、突变性（周期、随机），渐变性、趋向性。因此，不同孕灾环境下，自然灾害的破坏程度和影响力度各异。在分析自然灾害时，在致灾因子发生作用的同时要考虑孕灾环境，以地质灾害为例的自然灾害风险形成机理（见图2－1）。

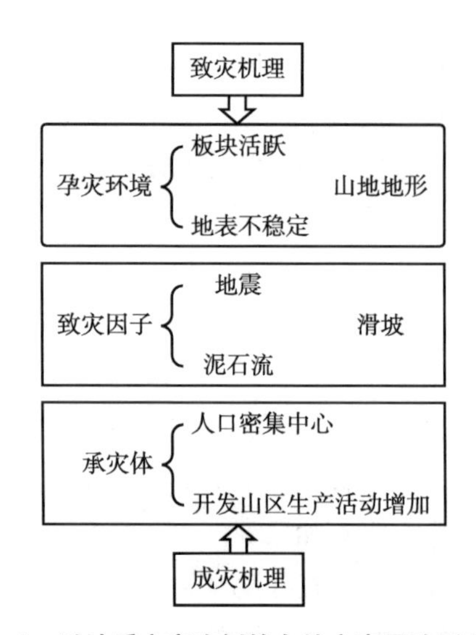

图2－1　以地质灾害为例的自然灾害风险形成机理

资料来源：笔者整理。

从图2－1可以看出，在自然灾害的形成过程中，致灾因子、孕灾环境、承灾体同时起着重要作用。在自然灾害风险的研究过程中，遗漏任何一个部分均会使研究陷入困境。

在针对自然灾害风险评价方法的研究中，目前使用较多的是定性和定量两种方法（见图2－2）。定性方法侧重于对自然灾害风险程度的有效表达，尤其表现在灾前危险性和灾后危害性。定量方法建立在翔实的调查数据基础上，利用诱发因素重现周期分析方法和统计分析方法，能较为有效地评估风险可靠程度和精确度，特别是重大自然灾害风险。

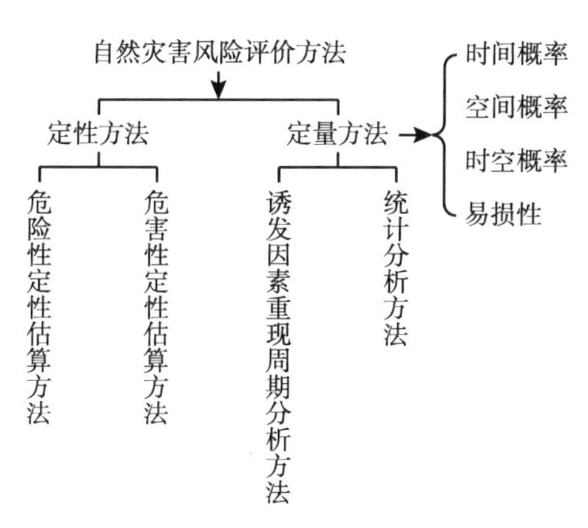

图2-2 自然灾害风险评价方法

资料来源：笔者整理。

因此，自然灾害理论是进行灾害风险评价和应对研究的根基。而与灾害有关的风险应急能力综合评价，则是在发生自然灾害或存在自然灾害可能性的基础上进行的。因经济社会始终存在发生自然灾害风险的可能，风险的强弱和大小直接关系到突发灾害时应急处置能力的难度，由此体现出开展自然灾害风险评价的意义。

2.2 投影寻踪理论及应用

2.2.1 投影寻踪概念

美国科学家M. D. 克鲁斯卡尔（M. D. Kruscal）在20世纪60年代末，率先使用投影寻踪的方式，对高维数据投影之后，对低维投影结果进行计算。杰罗姆·弗里德曼（Jerome H. Friedman）和J. W. 图基（J. W. Tukey）① 为了解决鸢尾花聚类问题，参照以往学者的研究结果构造了一种新的投影指标，它将数据的整体散布度与局部密度作乘积，重新选定了可用作评价数据聚类程度的指标，正式提出了投影寻踪（即PP）的概念。杰罗姆·弗里德曼的这次实验基本明确了投影寻

① Friedman, J H & Tukey, J W. A projection pursuit algorithm for exploratory data analysis [J]. IEEE Transactions on Computers, 1974, C-23 (9): 881-890.

踪的基本思想，在实际解决多元问题时，维度祸根是不可避免的。鉴于此，就应该具有“降维”思想，即对数据集在高维空间中进行投影，将其反映在低维空间上，确定其构形，然后确定一个投影指标函数，根据这个函数找到最佳投影方向，根据最佳方向对应的投影值为实际问题的解决提供依据。至此，该方法被运用到各个领域，并不断地丰富投影寻踪理论，投影寻踪方法的实现过程可见图2－3。

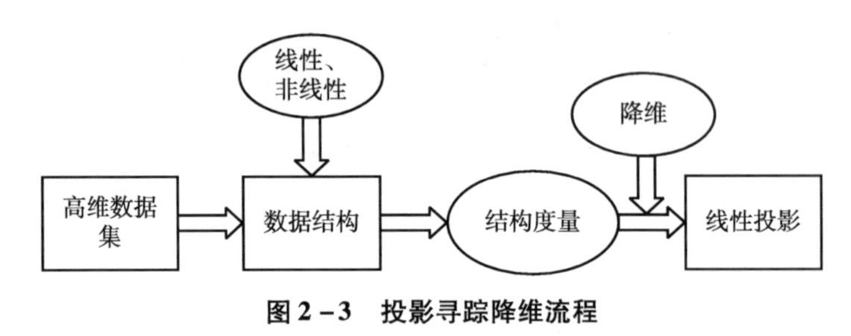

图2－3 投影寻踪降维流程

资料来源：笔者整理。

杰罗姆·弗里德曼于1979年对投影寻踪做出了详细的阐述和理论分析，奠定了实现改进投影寻踪具体方法的坚实基础。此后，有关投影寻踪聚类分析、投影寻踪回归分析等方法与理论被相继提出，相关理论研究也迅速发展。但真正使得投影寻踪方法自成体系并能够在统计学等学科中占有举足轻重的地位，这要归功于美国哈佛大学教授P. J. 休伯（P. J. Huber）在数理统计杂志《统计年鉴》（*The Annals of Statistics*）发表的一篇综述性学术论文，[①] 该论文主要是对投影寻踪思想和可能应用的领域进行了阐述，并对投影寻踪产生以来的研究成果进行了深刻总结，这不仅推广了该方法的应用范围，提高了其知名度，还为投影寻踪方法的进一步发展奠定了坚实的基础。

2.2.2 投影指标

投影寻踪出发点是度量投影分布所包含的信息量，而高维数据集的线性投影基本上是正态的，而正态分布难以承载信息分布，此时就需要一种与正态分布差别很大的分布方式来呈现投影，这种方式就是线性投影分布。投影指标的选取直接决定着数据集降维的效果，投影的过程中的准则函数是需要根据实际问题而重新定义的，因此就需要找出最佳的投影方向对原本高维的数据结构进行分析，为了能够得到最好的投影值，往往需要优化投影的方向，使该方向上包含最好值。

① Huber, P J. Projection pursuit [M]. The Annals of Statistics, 1985: 435－475.

而杰罗姆·弗里德曼①建立的固定角旋转技术，对投影方向的选取具有开创意义，之后对最佳方向的寻优方法——梯度下降法等基本上源于旋转变化的思想。杰罗姆·弗里德曼最开始构建的投影指标 $QFT(a)=S(a)D(a)$，其中，$S(a)$ 代表样本的整体离散度，$D(a)$ 表示局部密度，两者相乘的乘积将其命名为弗里德曼-图基（Friedman-Tukey）投影指标，它是投影寻踪思想创立以来应用最广泛的指标；此外，还有偏度指标和峰度指标、信息散度指标等。

偏度是衡量投影值非对称性分布程度的统计指标，峰度是衡量投影值平坦性分布程度的统计指标，它们均可用来检测离群值，故可将其作为投影指标，由于是对称和平坦程度的表示，故适合对有细小差距的特征目标进行测度。

$$\text{偏度指标：} I_1(a)=Q_1(a^TX)=K_3^2 \tag{2-1}$$

$$\text{峰度指标：} I_2(a)=Q_2(a^TX)=K_4^2 \tag{2-2}$$

其中，X 为随机变量，a 为投影方向。

一般情况下，与正态分布差距越大越富含信息价值，因此我们对与正态分布相异程度越大的结构感兴趣，此时就需要一个指标来衡量这种差异程度，信息散度指标就是常用的方法，信息散度指标定义如下：

$$Q(f)=|d(f\|g)|+|d(g\|f)| \tag{2-3}$$

其中，f 和 g 均表示密度函数，式（2-3）表示 f 与 g 的差异程度。如果 $Q(f)$ 的值越大，表明它越偏离正态分布，越是我们所要选取的方向。

2.2.3 投影寻踪的发展与应用

投影寻踪的发展是由众多学者增砖加瓦一步一步地建设起来的，1979年后，杰罗姆·弗里德曼等逐渐提出了PP聚类、PP回归、PP分类和PP密度估计，从而对于聚类、分类、回归等问题有了现成的模型。反观我国，投影寻踪的研究起步较晚，始于20世纪80年代，其中较为重要的研究见表2-1。

表2-1 投影寻踪发展概况

作者	主要观点
李国英①	对投影函数以及指标所产生的误差方差进行二次型估计，基于大量计算推理，从理论上证实了它们的优良性质，并从稳健性和可容许性两个方面进行说明
成平和吴建福②	用回归函数改良核估计，PP的相合性和收敛性被证明

① Friedman, J H & Stuetzle, W. Projection pursuit regression [J]. Journal of the American statistical Association, 1981, 76 (376): 817-823.

续表

作者	主要观点
成平和李国英[③]	首先将 PP 设计为计算机图示系统，可将数据投影至 1 ~ 3 维空间，其次确立投影指标，来辨别投影是否有意义，将 PP 模型确定为一种新颖的统计方法
宋立新[④]	探讨粒子群算法改良的 PP 模型，适用于多目标无功化问题

注：①李国英．线性模型中误差方差的二次型估计的可容许性问题［J］．中国科学数学：中国科学，1981，1（7）：112 - 127.

②成平．回归函数改良核估计的强相合性及收敛速度［J］．系统科学与数学，1983，3（4）：304 - 315.

③成平，李国英．投影寻踪——一类新兴的统计方法［J］．应用概率统计，1986（3）：77 - 86.

④宋立新，李丹，高立群，等．多目标无功优化的向量评价自适应粒子群算法［J］．中国电机工程学报，2008，28（31）：22 - 28.

资料来源：笔者整理。

上述研究对于投影寻踪理论在我国的发展具有重大的推动作用，此后，郑祖国等人于 1985 年开始，探索和编码 PP 的计算机实现程序，最后成功完成了投影寻踪回归和时序的软件包，这进一步地扩大了 PP 的研究范围，让其在计算机中实现，并使用大量实例试验，便于其他领域的应用。

以应用最广的评价系统为例，谢贤健[①]等人将 PP 技术应用于地质危害评价当中，完成了滑坡危险性评价，为滑坡灾害的应急管理和应对提供了指导；袁顺[②]等为了实现风暴潮灾害的脆弱性评价，将粗糙集理论与 PP 模型相结合形成组合评价方法，评价结果避免了评价的片面性；清华大学的周一凡与中国电力设计院的王辉等人[③]以 1994 ~ 2013 年我国 31 个省（区、市）的数据为样本，提出了考虑主观权重约束的投影寻踪静态评价模型，并对我国电力发展水平进行了综合评价。

2.3 加速遗传算法

2.3.1 遗传算法概念

遗传算法（以下简称 GA），它来源于生物界的自然进化选择，模拟生物不

---

① 谢贤健，韦方强，张继，等．基于投影寻踪模型的滑坡危险性等级评价［J］．地球科学·中国地质大学学报，2015（9）：1598 - 1606.

② 袁顺，赵昕，李琳琳．基于 RST - CWM 模型的风暴潮灾害脆弱性组合评价［J］．统计与决策，2015（23）：53 - 56.

③ ZHOU，J. H.，ZHOU，Y. F. & ZHOU，J. Relativity between Regional Dust-blowing Intensity and Circulation Dynamical Condition by Remote Sensing Analysis［J］. Journal of Desert Research，2009，6.

断选择优良基因的“优胜劣汰”的进化机制，从而创造的优化搜索智能算法，在大量的待选值中寻找最优值具有先天优势。此算法的主要特点是直接对结构对象进行遗传算子操作，具有隐含并行性高、全局寻优能力强、自动获取和搜索最优空间的优点，而不需要提前制定规则，这种具有启发性的有一定学习能力的算法广泛应用于各领域的优化和搜索问题。

2.3.2　遗传算法原理及其特点

首先，遗传算法将待解决问题的任一可能的值或结果编码成一个“染色体”，然后，随机选取一些初始个体，使用已经编辑好的目标函数对这些个体进行评估，评估结果就是适应度值，这些值的大小不一，笔者选取最有利于问题解决的最优值，即适应度值靠前的一定数量的个体，之后将选择的个体进行模拟遗传操作，即依次经过遗传算子的处理，每进行一次算子操作之前都是选取上一代“优秀”的个体，这样经过数代“繁衍”，最终将得出“一代总比上代强”的优中选优结果。本书中GA在解决投影函数优化的问题上，投影函数计算的结果就是每个“个体”，要在众多的函数值中选择最优的值便是文中遗传算法功效的体现。遗传算法的魅力在于它优化问题的独特方式，具体来说，遗传算法有以下四个特点（见图2－4）。

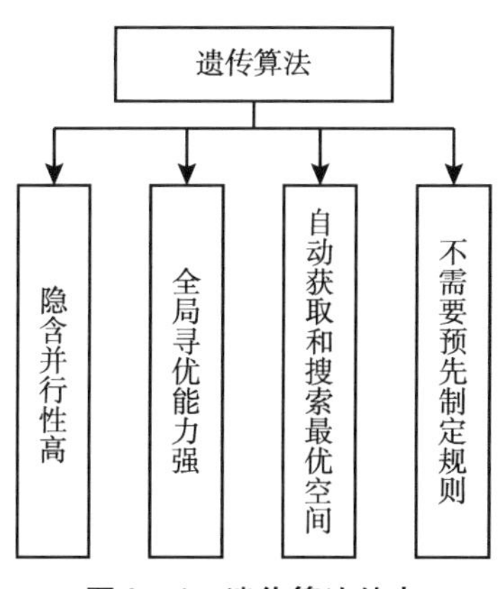

图2－4　遗传算法特点

资料来源：笔者整理。

第一，隐含并行性高。遗传算法可进行并行计算，可以同时进行多个计算，而不是单纯地逐个计算，这样提高了算法运算速率。

第二，全局寻优能力强。正如生物进化一样，遗传算法对在一定地域的种群都有效果，寻优是在种群中所有个体的基础上的寻优，即在全局范围内选择最优值，采用随机抽选的方式，基本上所有的个体都会被涵盖，所以选取的个体几乎代表了所有值。

第三，自动获取和搜索最优空间。遗传算法进化的内核是待选解之间的比较，而且这种比较是自动的，当某个待选值比另一个值更优时，它会放弃这个“不好”值，自动选择与下一个值进行比较，从而不断地确定待选值所在的区域，这个区域就是优化空间。

第四，不需要预先制定规则。很多算法模型需要提前设置好规则，例如给定输出结果的范围，这无形中框定了算法的灵活性，又增加了算法冗余度，对问题的结果帮助不大。因此，遗传算法不设置规则，完全靠其内在的运行机制来进行计算。

2.3.3 遗传算法的应用

由于遗传算法自身的寻优特性，使其成为了一种求解复杂问题的通用框架，可衔接或嵌入其他方法模型和函数，不局限于特定问题，主要应用在函数优化、组合优化、人工智能机器学习等方面，其中函数优化是遗传算法应用最广泛的领域，各行各业的人构造出许多复杂的函数用于解决相关问题，凡是寻求极值的过程，都可使用遗传算法。组合优化是比函数优化更为复杂的优化方式，计算量极其庞大，用随机的方式寻找满意解是解决此类问题的有效方式；如今互联网技术的不断创新和发展，其中的机器学习、物体识别、图像识别甚至垃圾分类的算法判别方式都与遗传算法有着紧密的联系。除了算法的应用之外，有关遗传算法自身的研究主要存在于编码问题、初始种群的确定、适应度函数的确定，遗传算子、参数的选择，有关对上述问题的确定以及选取的依据将在下文给出。

2.4 文献综述

与本课题相关的研究主要集中在突发事件和自然灾害网络舆情、舆情风险评价和指标评价方法方面。

2.4.1 突发事件网络舆情理论的相关研究

由于“舆情”和“网络舆情”等概念出自我国，政府相关部门对其管理也较为重视，是中国特有的社会背景和舆论生态情境下的产物，是一个具有中国特色的概念，因此，国外对网络舆情的相关研究较少，已有的研究也主要集中在突发事件网络舆论监测分析、[①] 传播演化[②]及预警等方面，较少存在对舆情的应对、引导、评价等具有监管意义方面的研究。20世纪70年代，美国成立联邦救灾局，以应对如火山、地震、飓风等的突发性自然灾害，学者们也开始关注突发事件的研究，特别是在公共危机管理领域。直至80年代，美国著名灾害研究学者恩里克·克兰特利（Enrico L. Quarantelli）将突发自然灾害事件引入社会学的研究范畴，并以社会学的角度探讨了灾害事件对社会的影响。[③] 梅尔雅·各布（Merle Jacob）等认为在突发事件应急管理中，识别、掌握和挖掘突发事件传播演化机制是突发事件应急管理的基础，能够有效地针对突发事件进行预测、预警和响应。[④] 杰弗里·莱克（Jeffrey R. Lax）等提出了基于网络舆情生成过程和热波动影响因素的更为成熟的舆情指数。[⑤] 易鹏针对突发事件的处理和分析采用数据挖掘等方法进行研究。[⑥] 根据信息传播学的二八定律，邓肯·瓦特（Duncan J. Watts）等认为，引导突发事件舆论走向的主要因素是与该事件相联系的关键节点以及敏感人群在不断推动。[⑦] 安德里亚·埃苏利（Andrea Esuli）以能否从海量的网络言论中识别潜在危机为判断标准，以情感倾向性分析技术为手段展开网

---

① Ellison, N B, Steinfield, C & Lampe, C. The benefits of Facebook ‘friends:’ Social capital and college students’ use of online social network sites [J]. Journal of computer-mediated communication, 2007, 12 (4): 1143 – 1168.

② Sznajd – Weron, K & Sznajd, J. Opinion evolution in closed community [J]. International Journal of Modern Physics C, 2000, 11 (6): 1157 – 1165.

③ Andersson, W A, Kennedy, P A & Ressler, E. Handbook of disaster research. H. Rodríguez, E. L. Quarantelli & R. R. Dynes (Eds.) [J]. New York: Springer. 2006: 489 – 507.

④ Jacob, M & Hellström, T. Policy understanding of science, public trust and the BSE – CJD crisis [J]. Journal of Hazardous Materials, 78 (1 – 3), 2000: 303 – 317.

⑤ Lax, J R & Phillips, J H. How should we estimate public opinion in the states? [J]. American Journal of Political Science, 2009, 53 (1): 107 – 121.

⑥ Peng, Y, Kou, G, Shi, Y & Chen, Z. A descriptive framework for the field of data mining and knowledge discovery [J]. International Journal of Information Technology & Decision Making, 2008, 7 (4): 639 – 682.

⑦ Watts, D J & Dodds, P S. Influentials, networks, and public opinion formation [J]. Journal of consumer research, 2007, 34 (4): 441 – 458.

络舆情预警。[①] 苗（Miao）[②] 和朱迪亚·珀尔（Judea Pearl）[③] 等认为贝叶斯网络的更新源于对不断触发的新事件的诊断，这一推理过程和人们对情境评估的思维方式具有一致性，因此，预警研究能够运用贝叶斯网络进行。

相比之下，国内学者在研究突发事件网络舆情方面成果众多。自 2003 年“非典”疫情以后，突发事件研究就被纳入了我国学者的研究范围内。伴随着互联网普及率的不断升高，人们的网络生活变得越来越如影随形，网络传播具有的快速性、便利性和互动性使得突发事件信息传播的速度、广度和社会动员力等方面得到很大提升，网络舆情对突发事件的演变进程的影响程度有逐渐上升的趋势，这引起了我国学者的广泛关注。目前我国学者的研究主要集中在以下两个方面：一方面是结合典型突发事件案例从社会传播学、危机管理等角度对网络舆情的演化规律进行研究和分析；另一方面是针对已发生的突发事件网络舆情进行疏导管理。

针对突发事件网络舆情的演化，不仅有对舆情演化阶段进行划分研究的，如方付建[④]在对网络舆情发展过程的解释中，借鉴了生命周期理论的基本思想，并以此为基础，按照孕育——扩散——变换——衰减四个阶段划分网络舆情整体发展过程。佘廉[⑤]在生命周期四阶段的基础上，结合政府管理理论的部分内容，将网络舆情的生命周期做了进一步划分，最后拓展为孕育——爆发——蔓延——转折——休眠五个阶段。同样是划分为五个阶段，顾明毅[⑥]将网络议题升级的过程根据社会化网络信息传播模式和网络舆情特征，划分为早期传播——社会知情——社会表达——社会行动——媒体纪念。潘崇霞[⑦]认为，网络舆情演化路径的描述不宜复杂化，通过将演化过程简化为初始传播——迅速扩散——消退三个阶段，并对这三个阶段的演化因素和各阶段特征量的变化进行了相应的分析，方

---

① Esuli, A. Automatic generation of lexical resources for opinion mining: models, algorithms and applications [J]. VDM Publishing, 2010.

② Miao, A X, Zacharias, G L & Kao, S P. A computational situation assessment model for nuclear power plant operations [J]. IEEE Transactions on Systems, Man, and Cybernetics - Part A: Systems and Humans, 1997, 27 (6): 728 - 742.

③ Pearl J. Probabilistic Reasoning in Intelligent Systems: Networks of Plausible Inference (Judea Pearl) [J]. Artificial Intelligence, 1990, 48 (8): 117 - 124.

④ 方付建. 突发事件网络舆情演变研究 [D]. 武汉：华中科技大学，2011.

⑤ 佘廉，叶金珠. 网络突发事件蔓延及其危险性评估 [J]. 工程研究——跨学科视野中的工程，2011，3 (2): 157 - 163.

⑥ 顾明毅，周忍伟. 网络舆情及社会性网络信息传播模式 [J]. 新闻与传播研究，2009 (5): 67 - 73.

⑦ 潘崇霞. 网络舆情演化的阶段分析 [J]. 计算机与现代化，2011 (10): 203 - 206.

便量化研究。也有对影响舆情演化的因素作识别研究的，如宋姜和吴鹏等认为，[①]沉默可能是影响舆情演化的重要因素之一，以元胞自动机为模型，建立舆情演化模型，证明了网民沉默在舆情演化中的作用效果，进而表明了网民持有的不同观点和沉默的比例对舆情传播的影响。王朝霞[②]分析了群体性突发事件中，网络舆情能够引发“蝴蝶效应”的原因，研究了在网络舆情视角下群体性突发事件的潜伏期、显现期、成长期、演变期、爆发期等演化阶段及演化规律，最后分别在上述五个阶段研制了预警机制。邓青[③]基于元胞自动机探讨了舆情分阶段传播特征的干预策略，主要是舆情的自由扩散至需要干预阶段的影响。王旭等[④]以“魏则西事件”为例进行社会网络分析，绘制了舆情传播的社交图，找到了突发事件网络舆情传播中的重要节点，分析了节点特征，为控制网络拓扑结构提供了建议。陈业华等人针对突发事件社交网络舆情具备的特有性质，在考虑政府部门的官方发声会对网民产生较大影响的前提下，建立舆情扩散模型。

针对突发事件网络舆情的管理引导，朱锦丰[⑤]认为，要实现对网络舆论信息的掌握，需要逐步完善预警机制、监测机制以及联动机制。叶皓[⑥]认为，政府在引导社会舆论过程中发挥着不可替代的作用，综合运用政治学、社会学、新闻学和公共关系学等学科的知识，在遵循公共管理和大众传播规律的前提下，能够有效地应对和引导媒体，从而促进社会舆论朝着正确的方向发展。申玉兰[⑦]针对网络舆论在突发事件中传播的特点，结合对舆论引导的偏失性原因分析，对完善突发事件网络舆论引导机制的政策建议进行了具体的阐述。陈娅君[⑧]认为，运用大数据的人工智能做好网络舆情监控预警、建立完善的突发事件舆情引导机制与健全舆情监管考核标准等一系列突发事件网络舆情引导的优化路径具有极大优势。郭怡雷[⑨]通

---

① 宋姜，吴鹏，甘利人．网民沉默因素的元胞自动机舆情演化建模及仿真［J］．情报理论与实践，2015，38（8）：124－129.

② 王朝霞，姜军，高红梅，等．网络舆情“蝴蝶效应”的预警机制研究——以群体性突发事件的为例［J］．新闻界，2015（16）：59－64.

③ 邓青，刘艺，马亚萍，等．基于元胞自动机的网络信息传播和舆情干预机制研究［J］．管理评论，2016，28（8）：106－114.

④ 王旭，孙瑞英．基于SNA的突发事件网络舆情传播研究——以“魏则西事件”为例［J］．情报科学，2017（3）：87－92.

⑤ 朱锦丰．天津港8·12爆炸事件网络舆情政府引导案例研究［D］．成都：电子科技大学，2017.

⑥ 叶皓．突发事件的舆论引导（政府新闻学研究丛书）［M］．南京：江苏人民出版社，2009.

⑦ 申玉兰，郑颖．突发事件与舆论引导机制研究［J］．中共石家庄市委党校学报，2011（12）：26－28.

⑧ 陈娅君．突发事件网络舆情引导优化路径［J］．中国集体经济，2018（4）：163－164.

⑨ 郭怡雷，刘冰．突发事件中政务微博的舆论引导策略［J］．青年记者，2017（26）：30－31.

过对微博中有关灾害信息的微博内容进行研究，认为快速发布信息，及时进行信息公开，实行全媒体联动能够有效地引导舆情微博内容的传播。

基于以上学者对突发事件网络舆情的研究，可以看出，现阶段针对突发事件网络舆情的研究已初具规模，涉及的研究内容主要围绕在舆情危机传播管理、舆情演化影响因素判定、舆情生命周期分析、突发事件网络舆情的传播过程模拟和引导研究、舆情案例分析等几个方面，他们的研究内容比较翔实、充分，但是依然可以看出，目前的研究还有许多需要改进和补充的地方，具体表现在以下两个方面。

（1）细分领域的网络舆情研究还需探索。现有的研究，往往把突发事件当成一个整体事件，对所有类型的突发事件采用相同的“模子”，众所周知，不同的突发事件其致灾因子千差万别，其舆情的影响因素也不尽相同，想要用一种普遍模型去解决特殊问题时，得到的结果往往值得怀疑。突发事件所涵盖的范围较大，凡是突然发生的、对人类社会造成较大损失的事件均可认为是突发事件，要是对此类事件的网络舆情进行分析研究，很多时候会陷入针对性不强的困境，会模糊舆情应对策略的实施效果。因此，可将突发事件进行分解，选取特定类型的事件，进行舆情分析。例如选取自然灾害事件作为研究对象，可缩小研究范围，最终的研究结果可对自然灾害舆情的应对管理提供针对性高、操作性强的策略。

（2）针对突发事件网络舆情的管理多从定性角度出发。在舆情管理引导研究上，大部分根据突发事件网络舆情的特征，制定相对应的治理措施，忽视了从突发事件网络舆情所处风险危害等级的角度制定有针对性的方案。定性视角提出的治理措施，范围相对较大，对不同类型突发事件网络舆情的适应性不强。

2.4.2　自然灾害网络舆情的相关研究

近年来，众多学者通过对典型自然灾害事件的不断探索和分析，尤其是灾害事件舆情的传播特点、舆论特征、灾害类型、议题议程以及走势等的研究，提炼出不同于常规突发事件的规律性结论。

张悦[①]针对四川省雅安地震舆情进行分析，认为灾难事件的舆情反应极为迅速且总量巨大，在信息传播和宣泄情感的过程中新媒体扮演着重要角色，同时伴随着新舆论议题的出现，网民对新议题的讨论度反而没有出现高涨，网民的情绪表达中不乏理性的思考。陈灼[②]分析了灾害舆情的走势和趋向，在微博内容和传

① 张悦．突发灾难事件舆情在社会化媒体上的呈现与管理［J］．西南民族大学学报：人文社会科学版，2014，35（5）：140－144．

② 陈灼．灾难舆情趋向分析——以“尤特”水灾民众微博为例［J］．东南传播，2013（12）．

播技巧上，不同传播节点的主体信息偏好差异明显，由于媒体存在动员性、专业性等特点，政府出于权威性和决策参考需要，意见领袖期望从中表现独立与正能量等原因，影响微博扩散程度。蔡梅竹①选取城市内涝、泥石流、雪灾和泥石流等具体案例，并对其进行了分析和总结，认为长期性、延续性、交错性以及复杂多变是突发型自然灾害网络舆情的显著特征。孙江②在总结特大火灾事故后，认为在舆情关注度方面，各火灾事件具有较强的相似性，主要表现在事件的不可预测性（突发性）、关注度增长趋势明显，且以指数级增长、关注热度衰减速度快以及关注焦点波动性。陈丽芳③在针对人为灾害事故进行分析的过程中发现，有关舆情信息来源广泛并且其中真伪舆情相互掺杂，但讨论议题普遍集中在制度领域，如立法监管存在缺失。李纲④以地震灾害事件和台风灾害事件的网络媒体报道为数据来源，发现灾难造成的人员死伤人数、致灾因子强度级别和相关预警信息对灾害事件报道的生命周期有着明显的影响。熊萍⑤从灾害事件新闻报道的视角出发，认为灾害舆情的突出特点是反应时间迅速，需要理性传播灾害事件相关信息，避免新闻报道者情绪化表达。

对比其他类型的突发事件网络舆情，灾害舆情既有直接性、突发性等常规特征，又存在着自身特有属性，如爆发往往伴随着一定的时间季节性、走势多变性，这就使得面对灾害舆情既有一定规律可循又须针对性采取处置措施。同时，不同类型的自然灾害对舆情存在时间的长短、衰减的速度以及整体态势的走向存在单独影响性。较多的灾害舆情研究，重在从自然灾害发生后引发的社会影响的层面出发进行概述，但未深入研究自然灾害本身所具有的潜在社会危害属性，以及自然灾害和经济社会两者相互作用的关系。

2.4.3 舆情风险评价的相关研究

近年来，随着经济的飞速发展，社会生产力不断增强，相应地，越来越多的新的生产、生活方式也呈现在人们的眼前，由此也显现出各种前所未有的挑战和风险，各行各业都存在风险，世界和中国都面临着“风险社会”的困扰。

---

① 蔡梅竹．突发自然灾害事件网络舆论特征研究［D］．武汉：华中科技大学，2012.

② 孙江．重特大火灾事故的信息发布与舆情监测［A］．中国消防协会科学技术年会论文集［C］．北京：中国消防协会，2012：454－456.

③ 陈丽芳．重特大矿难事故网络舆情研究［J］．煤炭技术，2012（7）：30－31.

④ 李纲，海岚，陈璟浩．突发自然灾害事件网络媒体报道的周期特征分析——以地震和台风灾害为例［J］．信息资源管理学报，2015（3）：18－24.

⑤ 熊萍．主流媒体灾害事件传播及舆论引导的难点与策略［J］．中国编辑，2018（1）.

2012年4月1日，我国民政部发布的《自然灾害风险分级方法》正式实施，首次以规范的形式对自然灾害风险进行标准化分级，反映到网络环境中，就需要对自然灾害造成的网络舆情进行风险评价，但由于网络舆情的特殊性，其舆情风险研究还处于起步阶段。王秋菊①研究了网络舆情风险的表现形式和应对的规避策略。她指出在信息化不断深入的社会，不同利益团体主动进入网络倾诉平台，在多个舆论场的相互作用之下，传播着代表各自利益的言论，殊不知，这可能会对当今主流社会文化、伦理道德、国家和集体的利益造成影响和侵犯，因此舆情风险的表现形式和规避方法已成为当代所需。其表现形式主要有对社会稳定的破坏、牟取不正当经济利益、对当今政治构成威胁，规避策略主要有提高网络媒体的社会责任意识、引导网络群体共鸣方向、政府加大管控。傅昌波②认为，舆情风险是由人类实践而导致的风险，是人类发展过程中不可避免的风险，要面对这些风险，必须进行科学的评估，其采用了层次分析法对舆情风险建立了评估模型。按照风险类型划分，可分为“技术型风险”和“社会型风险”，技术型风险指人类活动对自然环境、社会环境造成损害的可能性。社会型风险指人类社会活动对生活方式、思维意识、文化道德和宗教信仰造成改变的可能性。

我国学者对风险评价做了大量且成熟的研究，纵观与风险评价有关的文献并对其进行文献计量分析，从研究的学科领域可以看出，其研究主要分布在环境科学与资源利用、安全科学与灾害防治、宏观经济管理与可持续发展、建筑科学与工程、公路与水路运输、石油天然气工业、金融、水利水电工程和企业工业经济等学科领域。比如在灾害防治中泥石流的风险评价，③ 可从风险度和易损度两个维度对泥石流进行模糊综合评判的风险评价。水利工程中的洪灾是破坏面积较大的灾害之一，洪水具有突发性、高强度、高频率、高损害的特点，因此对它的风险评价包括自然层面和社会层面，赖成光④采取随机森林智能算法对洪灾进行了风险评价。生态环境的风险主要存在于人类的工业化生产和对大自然不适当的索取，其风险主要是对人体自身健康和生存环境的担忧，李一蒙⑤对开封市的农村

---

① 王秋菊，师静，王文艳．网络舆情风险的表现及规避策略［J］．青年记者，2014（16）：58－59.

② 傅昌波，郭晓科．基于层次分析法的舆情风险评估指标体系研究［J］．北京师范大学学报（社会科学版），2017（6）：150－157.

③ 沈简，饶军，傅旭东．基于模糊综合评价法的泥石流风险评价［J］．灾害学，2016，31（2）：171－175.

④ 赖成光，陈晓宏，赵仕威，王兆礼，吴旭树．基于随机森林的洪灾风险评价模型及其应用［J］．水利学报，2015，46（1）：58－66.

⑤ 李一蒙，马建华，刘德新，孙艳丽，陈彦芳．开封城市土壤重金属污染及潜在生态风险评价［J］．环境科学，2015，36（3）：1037－1044.

重金属污染及其潜在的生态风险进行了评价。金融行业的风险主要存在于瞬息万变的市场化经济，汤洁茹①采用 BP 神经网络的方法对商业银行信贷风险从企业规模、运营能力、盈利能力、偿债能力四个方面进行了风险评价。水资源的质量直接关系着人们的健康。符刚②以饮用水水质对人体健康造成的潜在危害为出发点，通过检测水中的有害金属元素和致癌物对水质进行风险评价。

舆情既可以影响经济、政策、行为，也可以影响社会意识、文化和宗教信仰，因此舆情风险既属于技术型风险又属于社会型风险。谈依箴③等研究了边疆地区的舆情风险，通过对边疆地区舆情风险影响因素的筛选，甄别出主要因素，建立指标体系，从而建立风险评价模型，为当地政府应对舆情风险提供了“顶层设计”。瞿志凯④等研究了恐爆事件网络舆情风险，采用模糊层次分析法完善了暴恐事件等级评估体系，构建和完善暴恐事件信息发布联动协作机制，建立和完善网民情感监测预警系统。暴恐事件本身具有很强的社会危害性，无差别的暴力手段会对国家政治安全、社会公众身心，社会经济造成很大的破坏，它的网络舆情急需政府部门的管控，将舆情风险降至最低。付业勤⑤等以湖南凤凰古城收费事件为例对旅游危机事件网络舆情的风险进行了测评，建立了风险监测指标体系，并对指标进行测量与量化研究，对舆情风险进行了划分预警和综合评判。此外，还有很多的学者⑥⑦对舆情风险进行了研究，从研究对象方面考虑，近年来，学者们的研究主要集中在舆情风险的概念、特征表现、评价指标。⑧⑨⑩

---

① 汤洁茹，高振华，叶婉婷．基于 BP 神经网络的商业银行绿色信贷风险评价研究——以蚌埠农业银行为例［J］．现代商业，2018（11）：75－76.

② 符刚，曾强，赵亮，张玥，冯宝佳，王睿，张磊，王洋，侯常春．基于 GIS 的天津市饮用水水质健康风险评价［J］．环境科学，2015，36（12）：4553－4560.

③ 谈依箴，刘茉，李洋，朱琳．边疆地区网络舆情风险评估研究［J］．中国公共安全：学术版，2017（4）：107－113.

④ 瞿志凯，张秋波，兰月新，焦扬，袁野．暴恐事件网络舆情风险预警研究［J］．情报杂志，2016，35（6）：40－46.

⑤ 付业勤，郑向敏，郑文标，陈雪钧，雷春．旅游危机事件网络舆情的监测预警指标体系研究［J］．情报杂志，2014，33（8）：184－189.

⑥ 专题：网络舆情风险管理研究（上）［J］．图书与情报，2016（3）：1.

⑦ 杨兴坤，廖嵘，熊炎．虚拟社会的舆情风险防治［J］．中国行政管理，2015（4）：16－21.

⑧ 高航，丁荣贵．基于系统动力学的网络舆情风险模型仿真研究［J］．情报杂志，2014，33（11）：7－13.

⑨ 高航，丁荣贵．政府重大投资项目舆情风险预警指标体系研究［J］．图书馆论坛，2014，34（7）：28－33.

⑩ 张玉亮．基于发生周期的突发事件网络舆情风险评价指标体系［J］．情报科学，2012，30（7）：1034－1037，1043.

在网络舆情风险的界定方面，张涛甫[①]认为，网络舆情存在影响社会公共安全以及引发社会动荡不安的可能性，由网络舆情事件产生的社会风险即是舆情风险，主要表现为爆发时间的不确定性。景敏婷[②]指出舆情风险的形成原因既包含不健全的民众利益表达机制，也离不开政府回应不力等行为的推动，它是大众利益、政府公信力与管理控制综合作用下的产物。

在舆情风险的表现特征方面，情绪化表达、主体多元化、现实与虚拟网络互动是最主要的特征。[③] 张海波[④]从社会风险的视角出发认为，由互联网引发的舆情风险主要包含四种，分别是国家安全风险、技术风险、管理风险以及社会道德风险。高航[⑤]认为，舆情风险在经济、政治和文化方面的表现集中起来可以用"垄断""误导"与"弥漫"等词语概括。"垄断"是指舆情出现后，代表不同群体的声音被淹没，民众话语权被某些利益集团所垄断，形成一家独大的现象；"误导"是指短时间内谣言呈现爆炸式传播，公众在负面消极情绪的引导下，可能做出威胁社会稳定的行为；"弥漫"是指信息传播的失控，在某种程度上破坏企业形象，进而波及该类产业并形成重大的冲击。唐惠敏[⑥]认为社会动荡、裹挟民意是网络舆情在政治领域的集中表现，网络暴力、语言攻击是舆情在司法领域的集中表现，与谣言相关的企业衰落、危及经济形势是网络舆情产生的经济风险。

在网络舆情风险评价指标方面，指标的选取主要从事件主题分类、发生主体、舆情内在机理等方面展开。事件主体上，王新猛[⑦]以 2013 年"延安城管暴力执法"舆情事件为例，构建了基于马尔科夫链（Markov Chain）的政府负面网络舆情热度趋势预测模型，并进行了实证。瞿志凯等[⑧]在研究暴恐事件及网络舆情影响因素的基础上，构建了包含暴恐事件、信息特性、媒体报道、网民反应四个维度的暴恐事件网络舆情风险预警指标体系，并结合高风险因素及反恐现实需

---

① 张涛甫．再论媒介化社会语境下的舆论风险［J］．新闻大学，2011（3）：38－43.

② 景敏婷．网络集群风险治理研究［D］．上海：上海师范大学，2012.

③ 王来华．中国特色舆情理论研究及学科建设论略［J］．南京社会科学，2014（1）：107－114.

④ 童星，张海波．群体性突发事件及其治理——社会风险与公共危机综合分析框架下的再考量［J］．学术界，2008（2）：35－45.

⑤ 高航，丁荣贵．政府重大投资项目舆情风险预警指标体系研究［J］．图书馆论坛，2014（7）：28－33.

⑥ 唐惠敏，范和生．网络舆情的生态治理与政府职责［J］．上海行政学院学报，2017，18（2）：95－103.

⑦ 王新猛．基于马尔科夫链的政府负面网络舆情热度趋势分析［J］．情报杂志，2015，34（7）：161－164.

⑧ 瞿志凯，张秋波，兰月新，等．暴恐事件网络舆情风险预警研究［J］．情报杂志，2016，35（6）：40－46.

求提出舆情应对策略。张一文①等从四个维度提出11个二级指标和28个三级指标体系。刘锐②对影响政府干预舆情的效果因素的研究，以我国110起重大舆情事件为研究样本，进行了探索。兰月新等③通过构建微分动力学模型探索舆情衍生规律、发展趋势及预警，此外，他们在分析突发事件网络舆情安全评估重要意义的基础上，建构了突发事件舆情安全评估指标体系。④ 戴媛等⑤则构建了网络舆情信息风险的评估指标体系。赵来军⑥分析了突发事件发生后，官方媒体发布的信息如何影响网络谣言的传播，研究了它们之间的变化特征，构建了影响的交互模型。

可以看出，上述研究均对突发事件网络舆情进行了评价研究，主要存在于指标体系构建方面，这不仅扩充和完善了突发事件网络舆情理论，还为政府部门的及时干预提供了理论依据。综合来看，国内的舆情风险评价相关内容以及研究比较关注的问题集中在以下四个方面。

（1）网络舆情的风险表现形式不再唯一，而是呈现出多样化趋势。由传统单一的网络语言攻击扩散到对政治、经济、文化等领域产生影响，严重的则威胁社会的稳定。

（2）目前网络舆情风险主体日益多元化，社会事件、自然灾害、医疗卫生等都可以是网络舆情风险的发生主体。网络舆情发生主体和作用客体相互交织、相互影响，共同推动了舆情风险从酝酿到爆发的过程。

（3）有关网络舆情风险评价的全面性研究得到发展。评价指标的维度从“人—事—物”三维度发展到后期“人—事—物—属性”四维度。也有部分学者提出五维度，说明在网络舆情风险发展的过程中，存在更多的导致危害发生的潜在因素。

（4）舆情管理局限于政府层面，非政府组织等社会力量的作用没有得到充分发挥。

以上这些变化同时也表明针对网络舆情风险评价的难度增加，相较于以往单一的表现形式、低维度的指标选取，现在表现出的舆情风险控制难度加大，因

---

① 张一文，齐佳音，方滨兴，等．非常规突发事件网络舆情热度评价指标体系［J］．情报杂志，2010，29（11）：71－76.

② 刘锐．地方重大舆情危机特征及干预效果影响因素［J］．情报杂志，2015，34（6）：93－99.

③ 兰月新．突发事件网络衍生舆情监测模型研究［J］．现代图书情报技术，2013，231（3）：51－57.

④ 兰月新，邓新元．突发事件网络舆情演进规律模型研究［J］．情报杂志，2011（8）：47－50.

⑤ 戴媛，郝晓伟，郭岩，等．我国网络舆情安全评估指标体系的构建研究［J］．信息网络安全，2010（4）：12－15.

⑥ Zhao，L，Wang，Q，Cheng，J，Zhang，D，Ma，T，Chen，Y & Wang，J. The impact of authorities' media and rumor dissemination on the evolution of emergency［J］. Physica A：Statistical Mechanics and its Applications，2012，391（15）：3978－3987.

而，面向舆情的风险预防与综合治理成为研究的突破口。建立、健全有关突发自然灾害情境下网络舆情风险评价体系，科学评估网络舆情风险态势，势在必行。

2.4.4 指标评价方法的相关研究

古往今来，要对所研究的问题进行评价或分类，必须选择一种适合自身问题的方法。而评价方法的选取往往受多种因素的共同影响，使用好的方法可以极大地减少相应的工作量以及提高工作效率。因此，评价方法（模型）的选取对于风险评价结果的可靠性具有至关重要的作用。不同类型的风险评价因为其性质的不同需要不同的评价方法，以便使得研究结果更加合理。通过对可用于舆情风险评价的方法模型进行梳理归纳，总结出进行风险评价的方法主要采用基于数据挖掘和模式识别的相关技术，主要有模糊层次分析法、神经网络、基于 Vague 集、支持向量机、熵权法和基于遗传算法的投影寻踪模型等。其方法介绍以及优缺点见表 2－2。

表 2－2 六种指标评价方法及其优缺点

方法名称	含义	优点	不足
模糊层次分析法	基本原理是根据模糊数学的隶属度理论把定性评价转化为定量评价，即对多因素影响的对象使用模糊数学进行一个综合评价，简言之就是将模糊综合评价法和层次分析法相结合的一种方法，层次分析法的作用是确定指标的权重，再用多模糊指标进行评判	处理过程模糊，但具有评价结果清晰，系统性强的特点，对模糊的、非确定性、难以量化问题的解决提供方法，其突出的特点是评价结果不是一个标量，而是以一个模糊集合表示的矢量，方便下一步加工	计算量较大，且检验判断矩阵一致性的标准 $CR<0.1$ 是根据经验累积的结果，缺乏科学依据，此外，判断矩阵的一致性有时会显得“生硬”，缺乏智能性，与人类思维的一致性有较大差异
神经网络	神经网络模型是对生物体内神经系统的一种抽象和模拟，是由大量神经元通过突触连接而形成的分布式自适应动态网络系统①。它是一种运算模型，由大量的节点相互连接而成，每个节点表示某个特定的输出函数，每两个节点之间的连接表示权重，也就是生物神经网络中的记忆	第一，可以分布式存储信息，神经网络是用神经元之间的连接及各连接权值的分布表示信息的，这就说明网络在局部受损的情况下仍然保证正确的输出，提高了网络的容错率和鲁棒性。第二，可以并行协同处理信息。神经网络中的每个神经元都可以根据接收到的信息进行独立的运算和处理，并输出结果。第三，对信息的处理具有自组织、自处理、自学习的特点，方便联想与推广	第一，学习率与稳定性的矛盾。第二，容易形成局部极小值而得不到全局最优值。第三，学习率的选择缺少行之有效的方法。对于非线性网络，学习率的选择是一个困难的事情。第四，隐含层的选取缺乏理论的指导

① 周飞燕，金林鹏，董军．卷积神经网络研究综述［J］．计算机学报，2017，40（6）：1229－1251.

续表

方法名称	含义	优点	不足
基于Vague集	Vague集是对模糊（fuzzy）集的扩展，是基于Fuzzy集发展而来，它把每个元素的隶属度分为支持和对立两个方面，也就是由真隶属度和假隶属度构成，来确定其函数边界	能同时给出支持和反对的证据，即Vague集能够同时考虑隶属与非隶属两方面的信息，也被称作“双模糊”，这使得Vague集在解决实际评价问题时，可从符合结果的方面评价，又可从不符合结果的方面评价，这比传统模糊集有更强的表示能力，因而能更全面地表达信息。①	Vague集的理论还不够完善，还需更进一步的发展与研究
支持向量机	是在高维特征空间使用线性函数假设空间的学习系统，它尤其适合解决小样本、非线性及高维模式识别等问题。②它是一种解决最大边距决策的核方法，该算法实现由统计分析理论导出的学习偏置，并能推广应用到函数拟合等其他机器学习问题中	SVM的最终结果由少数支持向量决定，这说明了其能够把握“主要矛盾”，识别并选择关键样本，这样“剔除”了大量冗余样本，说明此方法可自动提高运算效率，而且筛选掉的样本对模型几乎没有影响	对大规模训练样本效果不显著。在计算支持向量的过程中，当样本数很大时该矩阵的存储和计算将耗费大量的机器内存和运算时间，所以针对大数据集的训练效果不明显
熵权法	熵是系统无序程度的一个度量，信息熵的大小与信息量的大小往往呈反比关系，用信息熵可以解决信息量度量问题。其在综合评价过程中所起的作用更加明显，相应的权重也就越大。由此可以看出，如若在评价指标体系中使用熵权法确定权重的话，可大大减少人为因素的干扰与影响，最终使得结果更加客观公正	通过该方法确立的指标权重具有辨识度高、充分反映指标所蕴含的信息意义等优势。其优点是能更方便处理等级划分不太多的风险评价	风险等级过多的情况下不太适用
基于遗传算法的投影寻踪模型	遗传算法改进的投影寻踪模型，它采用投影迭代的方式对高维数据进行分析，直到测量数据与模型值之间没有显著差别为止	适用于多维、非线性问题，解决了投影寻踪中投影方向的优化问题	数据集太大的情况下稍有局限

注：①李凡，卢安，蔡立晶．基于Vague集的多目标模糊决策方法［J］．华中科技大学学报，2001（7）：1－3.

②汪海燕，黎建辉，杨风雷．支持向量机理论及算法研究综述［J］．计算机应用研究，2014，31（5）：1281－1286.

资料来源：笔者整理。

其中，FAHP法的应用十分广泛，很多领域的专家学者都对其应用进行了相关的研究，主要集中在采矿安全工程、电力系统及自动化、水资源、公路与桥梁、安全与环境工程等领域的评价研究当中。宋高峰等人选取了FAHP法对厚煤层采煤方法选择进行了研究。[①] 徐铭铭等[②]采用FAHP法对配电网重复多发性停电风险进行了评价研究。吴春生等[③]运用此方法对黄河三角洲的生态脆弱性进行了评价研究。胡群芳等[④]则利用此方法对公路隧道结构的安全进行了评价研究等。

有关神经网络现在已经有较多的研究，也产生了很多新的扩展算法，比如BAM神经网络模型，卷积神经网络，深度神经网络，随机神经网络，脉冲神经网络，BP神经网络等，其中BP神经网络广泛应用于评价研究。BP神经网络是基于多层网络学习的误差反向传播学习算法——BP算法的一种神经网络模型，其较好地解决了多层网络的学习问题，它属于梯度下降算法中的一类，是一种监督式的学习算法。主要应用于函数逼近、模式识别、数据压缩等。BP神经元作为独特的神经元，与其他神经元不同的是它以非线性函数为传输函数，最常用的为logsig函数。

人们对Vague集的研究主要存在于其自身理论的发展以及其应用研究。2012年，崔春生等人[⑤]把Vague集应用于电子商务的推荐系统上面，2014年，张亚明等人[⑥]将Vague集应用于微博舆情的评估研究，2016年，崔春生等人[⑦]基于Vague集对人口老龄化程度进行了研究，进一步为Vague集的应用研究拓展了道路。近些年来，Vague集理论及其应用越来越受到专家们的关注。这主要是因为人们掌握的信息往往是不精确甚至是模糊的，这就要求我们通过一些方法来应对此类信息，以便我们更好更快地做出判断、预测、决策等。

---

① 宋高峰，潘卫东，杨敬虎，孟浩．基于模糊层次分析法的厚煤层采煤方法选择研究［J］．采矿与安全工程学报，2015，32（1）：35－41.

② 徐铭铭，曹文思，姚森，徐恒博，牛荣泽，周宁．基于模糊层次分析法的配电网重复多发性停电风险评估［J/OL］．电力自动化设备，2018（10）：1－7［2018－10－20］.

③ 吴春生，黄翀，刘高焕，刘庆生．基于模糊层次分析法的黄河三角洲生态脆弱性评价［J］．生态学报，2018，38（13）：4584－4595.

④ 胡群芳，周博文，王飞，牛紫龙．基于模糊层次分析的公路隧道结构安全评估技术［J］．自然灾害学报，2018，27（4）：41－49.

⑤ 崔春生，李光，吴祈宗．基于Vague集的电子商务推荐系统研究［J］．计算机工程与应用，2011，47（10）：237－239.

⑥ 张亚明，刘婉莹，刘海鸥．基于Vague集的微博舆情评估体系研究［J］．情报杂志，2014，33（4）：84－89.

⑦ 崔春生．基于Vague集理论的各地区人口老龄化横向对比研究［J］．管理评论，2016，28（4）：73－78.

近几年来，支持向量机的应用途径大大增加，将其引入评价研究的概率大幅提升，并取得了良好的效果。2012年，陈祖云等人、[①] 牛瑞卿等人、[②] 毕温凯等人[③]使用支持向量机分别对环境空气质量评价、滑坡易发性评价和湖泊生态系统健康评价中做出了重要研究；2013年，贾国柱等人[④]使用支持向量机在建筑企业的循环经济的评价研究中做出了贡献。2014年，李晓婷等人[⑤]使用同样的方法对城市土壤重金属污染做了相关研究。

熵权法作为一种新的评价方法和确定权重的方法应用于众多领域，武慧娟等人[⑥]将其应用于舆情预警的研究，冯运卿等人[⑦]将熵权法与灰色关联分析法结合起来对铁路安全进行了综合评价，周艳等人[⑧]使用熵权TOPSIS模型对数据库绩效评价的应用做了相关研究，杨力等人[⑨]使用此方法对煤矿应急救援能力进行评价研究，以及欧阳森等人[⑩]和尹鹏等人[⑪]分别在电能质量和房地产项目建筑质量领域进行了研究。

基于加速遗传算法的投影寻踪评价模型主要应用于地质灾害、水质评价、土壤监测等领域，大量学者对此评价模型的应用进行了相关研究。其中学者付强[⑫]

---

① 陈祖云，金波，邬长福．支持向量机在环境空气质量评价中的应用［J］．环境科学与技术，2012，35（S1）：395－398.

② 牛瑞卿，彭令，叶润青，武雪玲．基于粗糙集的支持向量机滑坡易发性评价［J］．吉林大学学报：地球科学版，2012，42（2）：430－439.

③ 毕温凯，袁兴中，唐清华，高强，庞志研，祝慧娜，梁婕，江洪炜，曾光明．基于支持向量机的湖泊生态系统健康评价研究［J］．环境科学学报，2012，32（8）：1984－1990.

④ 贾国柱，刘圣国，王剑磊，宋晓东，王天歌．基于支持向量机的建筑企业循环经济评价研究［J］．管理评论，2013，25（5）：11－18.

⑤ 李晓婷，刘勇，王平．基于支持向量机的城市土壤重金属污染评价［J］．生态环境学报，2014，23（8）：1359－1365.

⑥ 武慧娟，张海涛，王尽晖，孙鸿飞，李泽中．基于熵权法的网络舆情预警模糊综合评价模型研究［J］．情报科学，2018，36（7）：58－61.

⑦ 冯运卿，李雪梅，李学伟．基于熵权法与灰色关联分析的铁路安全综合评价［J］．安全与环境学报，2014，14（2）：73－79.

⑧ 周艳，蒲筱哥．熵权TOPSIS模型在数据库绩效评价中的应用研究［J］．图书情报工作，2014，58（8）：36－41.

⑨ 杨力，刘程程，宋利，盛武．基于熵权法的煤矿应急救援能力评价［J］．中国软科学，2013（11）：185－192.

⑩ 欧阳森，石怡理．改进熵权法及其在电能质量评估中的应用［J］．电力系统自动化，2013，37（21）：156－159，164.

⑪ 尹鹏，杨仁树，丁日佳，王文博．基于熵权法的房地产项目建筑质量评价［J］．技术经济与管理研究，2013（3）：3－7.

⑫ 付强，付红，王立坤．基于加速遗传算法的投影寻踪模型在水质评价中的应用研究［J］．地理科学，2003（2）：236－239.

于2003年第一次将投影寻踪和加速遗传算法整合，采用此方法对湖水的营养状况进行了评价研究，此后，该方法开始普遍应用于各个方面的研究。黄勇辉①等人就使用此方法创建了农业综合生产力评价模型，颜丽娟②采用此方法对新农村建设进行了评价研究，郝立波③等人采用此方法对沉积物地球化学异常进行了相关研究，谭永明等人④和王淑娟⑤则采用此模型对水质进行了评价，张学喜等人⑥把该方法应用到了岩土工程的边坡稳定性方面。

综上可知，学者们对于评价方法的研究有以下三个特点：第一，评价方法的使用多采用定量的方法和定量定性相结合的方法，极少出现单纯的定性方法，这可能是因为风险评价的过程往往是复杂的，定性定量结合的方法对评价结果将更具准确度，尤其是采用适合本课题的其他学科领域的先进方法模型，将其引入继续丰富了风险评价的方法库；第二，众多评价方法源于理工科，用于理工背景的学科研究，较少应用于管理学，可以说，这些方法还未应用到舆情风险的评价，因而针对本课题可使用上述方法之一来填补本领域的空缺；第三，单独的评价方法对日益复杂问题的评价显得乏力，众多文献表明，由多种评价方法有效结合的综合评价方法或模型是评价研究的新趋势。单独的评价方法存在自身缺陷，其劣势往往比较突出，此时可用另一种方法弥补或尽可能消除其存在的先天不足，这样会使得评价结果更加高效。不过，上述方法的使用也有一定的限制，首先评价方法的可移植性不高，学者们根据自身的研究领域或所解决问题而开放使用的方法，其能否应用于相类似的其他问题变得具有挑战性；此外，方法的应用较多存在于其他领域，如地质、水质、交通等的安全评价，而在网络舆情的风险评价方面少之又少，因此，需要寻求一个最优的适合本课题的方法来进行舆情风险评价。

---

① 黄勇辉，朱金福．基于加速遗传算法的投影寻踪聚类评价模型研究与应用［J］．系统工程，2009，27（11）：107－110.

② 颜丽娟．加速遗传算法的投影寻踪模型在新农村建设评价中的应用［J］．农业技术经济，2013（8）：90－97.

③ 郝立波，田密，赵新运，赵昕，张瑞森，谷雪．基于实码加速遗传算法的投影寻踪模型在圈定水系沉积物地球化学异常中的应用——以湖南某铅锌矿床为例［J］．物探与化探，2016，40（6）：1151－1156.

④ 谭永明，孙秀玲．基于加速遗传算法与投影寻踪的水质评价模型［J］．水电能源科学，2008，26（6）：42－44.

⑤ 王淑娟．基于投影寻踪模型和加速遗传算法的石羊河流域水资源承载力综合评价［J］．地下水，2009，31（6）：82－84.

⑥ 张学喜，王国体，张明．基于加速遗传算法的投影寻踪评价模型在边坡稳定性评价中的应用［J］．合肥工业大学学报：自然科学版，2008（3）：430－432，454.

2.5 本章小结

本章对自然灾害风险理论、投影寻踪理论、遗传算法理论进行了较为系统的阐述，并对相关研究引用文献综述。自然灾害风险理论是本书研究的基本依据，从风险监测指标的确定到舆情应对研究，自然灾害风险理论始终贯彻其中，发挥着指导性的作用；投影寻踪理论、遗传算法理论作为风险评价的实现途径，起着重要的技术支持作用，它为舆情风险评价提供方法依靠；接着相继对突发事件网络舆情理论、自然灾害网络舆情理论、舆情风险评价以及指标评价方法的研究现状进行了分析，指出了自然灾害网络舆情理论需要进一步地扩充和完善，舆情风险评价亟须进一步地完善以适应复杂的自然灾害网络舆情，以及舆情的指标评价方法需要改进，从理论和方法两个方面为本书研究内容的确定提供借鉴。

第3章　突发自然灾害网络舆情风险评价指标体系构建

3.1　引　　言

依据2007年我国实施的《中华人民共和国突发事件应对法》，将“突发事件”定义为：事先难以预测、突然发生，造成或者可能造成巨大的财产损失、人员伤亡以及严重的社会危害，需要迅速及时应对的自然灾害、事故灾难、公共卫生事件和社会安全事件。自然灾害是指以自然变异为主因产生并形成自然态的灾害，是非常重要的突发事件的一类，包含了地震、气象、地质等方面的灾害。我国作为一个自然灾害频发的国家，灾害种类多、发生频率高、分布范围广且造成的损失严重。尤其是1978年的“改革开放”以来，我国的经济得到无比迅速的增长，与此同时，呈现出相应的过于快速发展带来的问题，即：自然资源被过度开发，超过了自然界的荷载能力，生态环境遭到严重的破坏，自然灾害的发生越发频繁。以2017为例，仅仅8个月，我国相继发生了四川省茂县“6·24”特大山体滑坡、“8·8”九寨沟地震、新疆精河6.6级地震、福建省和广东省多次台风登陆等自然灾害，给广大人民群众的生命和财产安全带来了极大的威胁和损害。

随着互联网的普及和跳跃式发展，网络以信息传播速度几乎瞬间即达的快速、范围几乎无边界广延等突出优势成为继报纸、广播、电视后的“第四媒体”。据中国互联网络信息中心发布的报告显示，截至2018年底，中国网民规模达到8.29亿用户，互联网普及率增长至59.6%。网络已取代传统媒体成为传播新闻和信息的最大场所，民众也更倾向于在互联网上表达自己对事件的真实意见和态度观点，网络舆情已成为反映社会安稳和谐的“晴雨表”。

自然灾害发生后，事件的相关信息和新闻报道在网络上快速传播，引起了民众的广泛关注，并促使他们在互联网平台上表达出自己的意见和看法。这种新型的交互传播在产生大量信息的同时，也诱发了一系列的矛盾和问题，若未进行及时、有效的疏导和解决，将会引发社会公众的恐慌，会严重地影响地区甚至国家的安定与和谐。

本章研究的目标是构建突发自然灾害网络舆情风险监测指标体系，将舆情相关信息量化，帮助管理者尽可能精准、全面地掌握网络舆情的发生、发展状态与趋势，对随之而来的风险和危机进行及时、有效的应对与控制，过滤舆论噪声，掌握话语的优先权。

3.2　网络舆情指标体系的相关研究

我国虽然对网络舆情指标体系的构建研究起步较晚，但也累积了一定的研究成果，若干专家学者从不同角度出发，对舆情指标的设计进行了探索。目前，对网络舆情指标体系的构建思路大致从以下三个方面展开。

（1）基于舆情事件主题分类的指标体系。针对当前网络舆情指标体系的研究普遍忽略舆情事件本身、指向性过宽等现象，部分学者在特定的事件主题上进行了有针对性的网络舆情指标设计。付业勤、郑向敏（2014）根据旅游危机事件本身的特点，运用修正过的德尔菲法、层次分析法，从三个维度建构旅游危机事件网络舆情监测预警的指标体系，确定了各指标的测量与量化方法，划分舆情风险等级，并以湖南省凤凰古城收费事件为例进行实证研究。[①] 瞿志凯等（2016）基于暴恐事件事态发展的影响因素基础，从四个维度构建了暴恐事件网络舆情风险预警指标体系，并运用层次分析法、ABC 分类法对风险指标进行权重计算及风险评估，确定了舆情风险等级，再结合现实中反暴恐的需求提出了应对策略。[②] 刘晓亮（2017）则关注涉军舆情的研究，他从舆情信息的来源、发布方的利益诉求出发，分析了涉军舆情监测指标的设定与技术实现问题，提出从主题聚合、舆情热度、内容倾向、舆情预警、宏观趋势等维度构建涉军网络舆情监测指标体系。[③]

（2）基于舆情不同发生主体的指标体系。目前基于舆情发生主体的指标体系设计主要集中在针对企业、高校和政府三方面，这类指标体系指明了舆情的具体

---

① 付业勤，郑向敏，郑文标，等．旅游危机事件网络舆情的监测预警指标体系研究［J］．情报杂志，2014（8）：184－189.

② 瞿志凯，张秋波，兰月新，等．暴恐事件网络舆情风险预警研究［J］．情报杂志，2016，35（6）：40－46.

③ 刘晓亮．涉军网络舆情监测指标体系构建［J］．情报探索，2017，1（3）：1－4.

应对主体，针对性较强。肖丽妍等（2013）基于企业网络舆情和社会影响力，从影响力广度、强度和速度三个方面出发建立指标体系，用来衡量微博中有关企业的舆情社会影响力，通过询问专家的方式对指标体系合理性进行验证，并通过4个应用范例的实证分析验证指标体系的科学性与合理性。[①] 陈龙（2014）通过设置指标揭示影响高校舆情强度的主要因素，在此基础上分析各指标之间的联系和归属，从舆情信息信度、舆情传播热度、舆情评价向度和舆情影响效度4个维度构建高校舆情强度评测指标体系，通过层次分析法和专家群判断法对各级指标进行赋权，同时根据各指标的内涵对高校舆情应对工作提出建议。[②] 李立煊（2015）从三个维度构建了政府负面网络舆情态势评价指标体系，之后构建了模糊综合评判模型，以“2013 延安城管暴力执法事件”为例进行了实证分析。[③]

（3）基于网络舆情内在机理的指标体系。当前，基于网络舆情内在机理的网络舆情指标体系构建的维度比较相似，此类指标体系主要是以网络舆情的生命周期理论和舆情演化的影响因素为基础的。林琛（2015）结合网络舆情信息工作生命周期，基于网络舆论形成过程设计了包含网络舆情监测指标、评价指标与预警指标的三层指标体系，并指出了各个指标的量化方式。[④] 王静茹（2017）在解决多媒体舆情评价问题上，将德尔菲法与SPSS分析相结合构建评价方法，并以“萨德”事件为例进行实证分析。[⑤]

我国网络舆情指标体系的构建研究尚处于起步阶段，现有的指标体系普遍存在主观性过强、针对性不足、指标覆盖不够全面且独立性较差，末级指标难以量化等问题。虽然已有部分学者逐渐基于舆情事件主题开始更加细化的网络舆情指标体系研究，但在目前已知的研究中，缺乏将突发事件进一步分类和细化，针对特殊突发事件的独特指标体系。在指标权重的设定上，由于末级指标的量化问题难以解决，多采用主观赋权法，这类方法依赖于专家的主观认知和判断，所得权重的参考价值较弱。

本书拟在现有研究成果的基础上进行更深一步的探索，选取一类特殊的突发

① 肖丽妍，齐佳音．基于微博的企业网络舆情社会影响力评价研究［J］．情报杂志，2013，32（5）：5-10.

② 陈龙．高校舆情强度评测指标体系的构建与应用［J］．现代情报，2014，34（9）：65-70.

③ 李立煊，杨腾飞．基于新浪微博的政府负面网络舆情态势分析［J］．情报杂志，2015（10）：97-100.

④ 林琛．基于网络舆论形成过程的舆情指标体系构建研究［J］．情报科学，2015（1）：146-149.

⑤ 王静茹，金鑫，黄微．多媒体网络舆情危机监测指标体系构建研究［J］．情报资料工作，2017（6）：25-32.

事件——自然灾害，并对其评价指标作有针对性的构建。经过文献调研，拟构建自然灾害舆情风险监测的初始指标体系；通过专家调查法、相关性分析、主成分分析并结合 SPSS，最终筛选出一个精炼、可量化的指标体系，并采用客观赋权法——熵权法通过计算确定各项指标的权重，以此克服传统赋权方法的主观性。

3.3　突发自然灾害网络舆情风险监测指标初选

3.3.1　突发自然灾害网络舆情风险监测指标初步构建

自然灾害引发的网络舆情，由于自然灾害本身的破坏性特点，使它极具敏感性，自然灾害会对人类构建的经济社会系统造成巨大损失，在网络上引起的链式反应是其他事件无法比拟的。因此，笔者拟从突发自然灾害网络舆情的物理属性和社会属性两个方面进行监测指标体系的构建。其中，物理属性是指突发自然灾害事件本身的具体特征；社会属性则是指网络舆情演化过程中能够反映舆情形态的各要素。网络舆情的发展始于信息的发布，在媒体的传播下进行“井喷式”的扩散，最后传递给公众并通过公众的积极参与和表态进一步发展、壮大。因此，将突发自然灾害网络舆情的社会属性细分为信息特征、传播媒体和受众倾向三个维度。

经过对大量相关文献的梳理和总结，遵循指标设置的客观性、合理性、可操作性等基本原则，结合突发自然灾害的自身特性以及事件态势发展的影响因素，在参考黄星（2018）[①] 对突发事件舆情风险从事件、媒体、网民三方面进行评价的基础上，通过已有对舆情评价指标体系研究的梳理，本书拟从自然灾害事件本身的物理属性、舆情传播的信息特征、传播媒体和网民参与的受众倾向四个维度进行风险监测指标体系的构建。这四个维度分别涵盖舆情的本体、载体、客体、主体，本体指网络舆情的现实事件，即本书的自然灾害事件；载体是舆情信息的承载形式，包括语音、视频、图片、表情等；客体是指对舆情事件进行客观报道的媒体；主体是以广大网民为主的舆情参与者。以上四方面几乎包括了舆情风险的所有影响因素，从上述四个维度进行舆情风险评价具有一定的合理性。分别对应 4 个一级指标。最终筛选出一级指标 4 个、二级指标 15 个、三级指标 49 个，

① 黄星，刘樑．突发事件网络舆情风险评价方法及应用［J］．情报科学，2018，36（4）：3－9.

共68个指标作为备选方案（见表3－1）。

表3－1　初选指标

一级指标	二级指标	三级指标
B1 灾害要素	B11 物理属性	B111 致灾因子强度（地震震级、台风风速、干旱指数等）
		B112 持续时间
		B113 影响范围
	B12 破坏程度	B121 财产损失
		B122 人员伤亡
	B13 社会属性	B131 受灾对象分布
受灾		B132 政府救援情况
B2 信息特征	B21 信息来源可靠度	B211 信息发布者影响度
		B212 信息发布者活跃度
		B213 信息发布者权威度
	B22 信息直观度	B221 纯文字信息数量
		B222 含图片信息数量
		B223 含视频信息数量
	B23 信息异化度	B231 虚假信息数量
		B232 虚假信息数量与内容相关信息总量之比
B3 媒体传播	B31 媒体影响力	B311 总流量
		B312 日流量
		B313 点击率
	B32 媒体参与度	B321 媒体总量
		B322 微媒体数量
		B323 新闻网站数量
		B324 论坛数量
	B33 传播扩散度	B331 内容相关信息与总量比变化程度
		B332 单位时间内容相关信息与总量比变化程度
	B34 传播速度	B341 原创新闻数变化率
		B342 新闻转发数变化率
		B343 原创微博数变化率

续表

一级指标	二级指标	三级指标
B3 媒体传播	B34 传播速度	B344 微博转发数变化率
		B345 原创微信数变化率
		B346 微信转发数变化率
		B347 原创帖子数变化率
		B348 帖子转发数变化率
	B35 传播效果	B351 及时程度
		B352 持续时间
B4 受众倾向	B41 网民参与度	B411 点击量
		B412 评论量
		B413 转载量
		B414 发帖量
	B42 情感分布	B421 正面情绪
		B422 负面情绪
		B423 中立态度
		B424 态度模糊
	B43 网龄分布	B431 1 年以下
		B432 1 ~3 年
		B433 3 ~5 年
		B434 5 年以上
	B44 地域分布	B441 东部沿海地区
		B442 中部内陆城市
		B443 西部边远地区

资料来源：笔者整理。

3.3.2　突发自然灾害网络舆情风险监测初选指标说明

3.3.2.1　灾害要素

灾害要素是指源于突发自然灾害事件本身可引发网络舆情风险的敏感性因素，也是灾害事件的客观构成要素，对社会公众的认知和情感走向有着重要的影响。灾害要素维度下包括物理属性、破坏程度和社会属性 3 个二级指标。

（1）物理属性是突发自然灾害本身固有的特性，其具体情况可引发不同程度的网络舆情风险。突发自然灾害的物理属性是灾害事件的核心组成部分之一，是社会公众关注的焦点，也是自然灾害发生后被大量传播扩散的关键内容之一，亦引起公众恐慌、焦虑等负面情绪不可或缺的要素。在现实中，自然灾害发生的强度（例如地震等级、泥石流体积、台风风速等）、持续时长和影响范围等均是引起社会公众不安的重要原因。因此，灾害要素包括致灾因子强度、持续时间、影响范围 3 个三级指标。

（2）破坏程度描述自然灾害对人类社会造成的损害程度。损害程度越高造成的负面影响越大，越低则造成的负面影响越小。如 2008 年的“汶川地震”造成了大规模的人员伤亡和财产损失，引发了全社会对自然灾害的高度关注，在滋生不安、恐慌等大量负面情绪的同时，也引起了公众前所未有的对灾害预防、紧急避难、自救措施等相关知识的重视。突发自然灾害的破坏程度包括财产损失和人员伤亡 2 个三级指标。

（3）社会属性是指突发自然灾害对人类社会造成的影响和随之形成的连锁反应。自然灾害波及的受众、政府应对灾害所采取的救援措施是引起网络舆情风险的社会敏感因素。受灾群众的性别、年龄、职业等社会属性不同，公众对自然灾害的关注度也会有所差别。如地震中，若主要受灾群众为 100 名学生，必然会比受众为 100 名普通群众更能引起公众的关注和热议。及时、高效的政府救援能提高政府的公信力，有效地缓解了灾害给公众带来的负面情绪；反之，政府救援若有不当，则易成为公众质疑政府不作为或处置能力差的风险源。突发自然灾害的社会属性包括受众对象分布和政府救援情况 2 个三级指标。

3.3.2.2 信息特征

信息特征描述的是突发自然灾害信息来源的真实程度、信息的表现形式及变化情况引发舆情的风险程度。社会公众通过网络信息对灾情进行掌握，但网络中的海量信息真假难辨，社会公众易受到负面、不实信息的影响，引发舆情风险。因此，该维度下包括信息来源可靠度、信息直观度和信息异化度 3 个二级指标。

（1）信息来源可靠度是指描述信息发布者的可信度，侧面反映出信息的真实性。由于网络的匿名性，网民的真实信息与背景无从考察，发布信息的真实、可靠程度也有待考究。因此，网络舆情工作者需要对信息发布者进行分析确认，采集信息发布者的关键信息，并在分析阶段加以鉴别，避免一些目的不纯的网民造谣、传谣引起突发自然灾害网络舆情风险。信息来源可靠度包括信息发布者影响度、信息发布者活跃度和信息发布者权威度 3 个三级指标。

（2）信息直观度是指舆情信息表现形式的直观程度。在网络传播中，信息的表现形式丰富，以文字、图片和视频为主。越易让人理解、接收的信息价值越高，信息的直观度在网络舆情的衍生过程中有重要影响。单调的文字信息占用网民的阅读时间较长，且易让人感到枯燥乏味，产生的传播效果较差。图片或视频能够为舆情信息增加一定的趣味性，更能吸引公众的注意，而且一目了然，更加直观，增强了信息的真实性和说服力。当信息直观度较高时，舆情信息确定性更高，由此引发的舆情观点矛盾越激烈，激化情绪和信息会增多，带来一定的舆情风险。因此，信息直观度可从纯文本、图片信息、视频信息三个方面建立三级指标。

（3）信息异化度是指突发自然灾害信息在传播过程中被干扰后的变化情况。突发自然灾害发生后，网民相继发声导致信息冗杂，主观猜测、恶意关联、小道消息等负面信息与真实信息交织在一起，极易引发舆情风险。公众从异化后的信息中获取的是充斥着不安、恐慌的情绪，甚至严重影响国家安全、社会安定的负面内容。信息异化度包括虚假信息数量、虚假信息数量与内容相关信息总量之比3 个三级指标。

3.3.2.3　媒体传播

媒体传播是指在突发自然灾害的宣传报道中，网络媒体对于网络舆情产生的风险作用。自然灾害发生后，网民主要通过媒体传播的方式来获取灾害事件的相关信息，媒体的报道覆盖范围、参与程度和传播扩散速度等都直接或间接地影响着舆情的规模走向。媒体维度下包括媒体影响力、媒体参与度、传播扩散度、传播速度、传播效果 5 个二级指标。

（1）媒体影响力越大的媒体受众越多，发布的信息更加权威，且更能引起公众的关注，也更容易使人信服，更容易吸引许多的网民参与舆情讨论，进一步地扩大了舆情的影响范围，增加舆情风险的潜在可能性。媒体影响力的大小是通过媒体总流量、日流量和点击率测算出的。因此，媒体影响力包括总流量、日流量和点击率 3 个三级指标。

（2）媒体参与度是指传播突发自然灾害信息的媒体数量能直接地反映并影响舆情的关注度及其发展态势，是舆情风险监测的重要指标。媒体参与度可用统计传播灾害相关信息平台数量的方式进行量化分析，微博、微信、网络论坛和新闻网站是当前几个主流的信息传播平台，媒体参与度越高，舆情影响范围越广，潜在舆情风险也就越大。因此，媒体参与度包括媒体总量、微媒体数量、网络论坛数量、新闻网站数量 4 个三级指标。

（3）传播扩散度是指在某一时段内，舆情信息在网络媒体中的主体扩散情况。包括灾害相关信息从产生到舆情消退的总发布次数，以及单位时间内相关信息的变化情况。传播扩散度越大，说明舆情信息越敏感，引发舆情风险的可能性越大，越应该给予重视。传播扩散度包括内容相关信息与总量比变化程度、单位时间内容相关信息与总量比变化程度3个三级指标。

（4）传播速度是指衡量灾害信息在微博、微信、网络论坛和新闻网站4个主流媒体中的传播速度，本书借鉴物理学中的加速度概念，用单位时间（24小时）内各个平台灾害相关信息的变化率来表征传播速度，也是衡量舆情信息内容的敏感程度，传播速度越快，信息敏感度越高，潜在风险可能性越大。因此，传播速度可从新闻、微博、微信、原创帖子四个方面的变化率进行衡量。

（5）传播效果是指媒体传播对公众产生的实际影响。自然灾害事件自身对社会公众的影响具有较长的持续时间，若媒体能够进行实时的跟踪报道，将为社会公众提供更加详细、完整的相关信息，公众能更大限度地了解灾害事件的真实情况，反映着网民对舆情信息的接受程度，传播效果越好，说明舆情内容对网民的吸引力越大，对舆情规模有扩大的作用，为舆情风险的出现创造可能。传播效果包括及时程度、持续时间两个三级指标。

3.3.2.4 受众倾向

受众倾向是指舆情受众关注和传播灾害相关信息的情况，以及受众态度情绪和行为倾向的变化程度。它是网络舆情演化、发展的必然结果，由于情绪的传染性效果，其在一定程度上可以影响甚至改变网络舆情发展的方向，如果情绪控制不当，有可能形成网络暴力。在受众倾向维度下，包括网民参与度、情感分布、网龄分布、地域分布4个二级指标。

（1）网民参与度是指网民关注、传播并对灾害事件相关信息发表看法的情况，反映出自然灾害发生后网民的活跃程度。网民对灾害事件的高强度关注、大规模地转载和评论是网络舆情生成的起点。网民参与度包括点击量、评论量、转发量3个三级指标。

（2）情感分布是指网民在对自然灾害相关信息的评论中所表现出的情感态度。由于突发自然灾害事件本身具有较强的敏感性，极易引起大量网民的关注并刺激他们产生恐惧、焦虑、不安等多种情绪，这些情绪是引发网络舆情风险的要素之一。积极理性的情绪会对网络舆情的发展产生良好的引导作用，消极负面的情绪则容易引发巨大的舆情风险，严重地影响整个网络社会的安定与和谐。情感分布包括正面情绪、负面情绪、中立态度、态度模糊4个三级指标。

（3）网龄分布是指网民入网的时间长度及其对舆情信息的认知和理解、参与舆情的积极程度都有很大的影响，网龄不同的网民在网络舆情中的行为表现会有一定差异，年龄较低的网民占比越多，舆情过激情绪和言论越多，舆情风险越大。网龄分布包括1年以下、1~3年、3~5年、5年以上4个三级指标。

（4）地域分布是指由于我国现阶段的发展不均衡，各区域的政治、经济、文化程度都存在一定差异，这种区域特色导致了各地区网民在舆情发展中扮演着不同的角色。经济发达地区的网民容易成为网络舆情中的意见领袖、舆情主导者，容易受到广大网民的关注，而经济相对落后地区的网民则通常是跟随者，网民关注度也较低。区域划分参考了中国经济与社会发展第七个五年计划中对区域的划分，地域分布设定为东部沿海地区、中部内陆地区、西部偏远地区3个指标。

3.4　基于德尔菲法的指标初筛

3.4.1　样本选择和问卷设计

本书采用德尔菲法，通过向专家发放问卷的形式对68个指标进行初次筛选。为保证调查结果的可靠性，研究选取网络舆情、应急管理、情报学等相关领域的专家教授、研究生和业内人士等作为调查对象，并在问卷大量发放前，选取部分调查对象进行小样本测试，对问卷进行调整和修改后，形成最终问卷。问卷发放通过QQ、微信、微博私信、电子邮件等发送到“问卷星”（问卷调查平台）中问卷链接的方式，共发出100份问卷。问卷通过李克特五级量表[①]（5表示非常同意保留指标、4表示同意保留指标、3表示不确定、2表示不同意保留指标、1表示非常不同意保留指标）对指标的重要性和易获得性进行打分。最终回收问卷92份，其中有效问卷为81份，有效问卷回收率为81%。

3.4.2　信度检验

本书通过SPSS 22.0对问卷得到的样本数据进行可靠性检验，对灾害要素、信息特征、媒体传播和受众倾向四个维度的信度系数值进行计算，一般用Cronbach's α来衡量，结果见表3-2。

---

① Liu, C H, Tzeng, G H & Lee, M H. Improving tourism policy implementation - The use of hybrid MCDM models [J]. Tourism Management, 2012, 33 (2): 413-426.

表 3－2　Cronbach's α 系数

一级指标	所含指标数量	Cronbach's α
灾害要素	10	0.759
信息特征	11	0.825
媒体传播	24	0.942
受众倾向	19	0.904

资料来源：笔者整理。

由表 3－2 中各 Cronbach's α 的值可知，各维度 Cronbach's α 系数均在 0.7 以上，显示出调查问卷所获取的数据结果具有较高的可靠性和内部一致性，信度较好。

3.4.3　效度检验

通过因子分析中的“KMO 和 Bartlett 球形检验”对问卷中的度量指标进行效度检验，其结果显示，KMO 值为 0.892 > 0.8，说明问卷所得数据适合做因子分析，内容效度较好。

通过专家问卷调查法对初步拟定的 68 个指标进行筛选，鉴于指标数据的不易获得和难以量化，剔除 1 个二级指标——社会属性、2 个三级指标——受灾对象分布、政府救援情况；剔除专家一致认为相关性较小的 5 个三级指标——发布者活跃度、虚假信息数量、点击率、内容相关信息与总量之比变化程度、态度模糊。经初步筛选后，剩余一级指标 4 个，二级指标 14 个，三级指标 42 个。

3.5　基于相关性分析和主成分分析的指标筛选

3.5.1　指标数据的采集

为了保证筛选后各项指标的原始数据具有足够的客观性和准确性，本书利用网页抓取即信息提取软件 Gooseeker，并结合“清博大数据”平台进行数据采集。数据采集的对象选取当前网民参与度较高、互动性较强的百度新闻、新浪微博、微信和天涯论坛，对一确定主题下各个网络平台的信息内容、发布时间、发布者、点击数、回复数及其 URL 链接等数据进行采集。

本书选取 2017 年具有代表性的一则突发自然灾害——“四川茂县 6 · 24 特大山体滑坡灾害”作为案例，以该舆情从爆发到衰退的主要时间段——2017 年 6

月24日至2017年7月4日作为数据采集的时域，通过上述的数据采集方法获得各个指标对应当日的原始数据，利用多样化的渠道获取数据、广阔的数据采集范围，使数据的客观性和代表性在最大限度上得到了保障。

3.5.2 指标数据的标准化处理

为避免变量自身变异程度、数值区间差异性对指标的筛选产生干扰，以期得到客观、准确的结果，指标量化后的数据必须得到标准化处理。本书使用以下方式进行处理：设 X_{ij} 为标准化后的值；v_{ij} 为指标的原始值。根据以下标准化公式①进行处理：

$$效益指标：X_{ij}=\frac{v_{ij}-\min\limits_{1\leqslant i\leqslant m}(v_{ij})}{\max\limits_{1\leqslant i\leqslant m}(v_{ij})-\min\limits_{1\leqslant i\leqslant m}(v_{ij})} \tag{3-1}$$

$$成本指标：X_{ij}=\frac{\min\limits_{1\leqslant i\leqslant m}(v_{ij})-v_{ij}}{\max\limits_{1\leqslant i\leqslant m}(v_{ij})-\min\limits_{1\leqslant i\leqslant m}(v_{ij})} \tag{3-2}$$

经过标准化处理后的数据各个指标观察值的数值将在（0，1）之间。

根据离差标准化公式，选择表3-3中42个三级指标原始数据，即第1~41行的第5~15列，组成42×11的数据矩阵，再将其代入式（3-1）进行计算，得到标准化后的数据，结果用表3-3中第1~41行的第16~26列表示。

表3-3　　标准化前后数据

1	2	3	4	5~15（原始数据）			16~26（标准化结果）		
序号	一级指标	二级指标	三级指标	6/24	…	7/4	6/24	…	7/4
1	B1	B11	B11	4	…	4	0.223	…	0.283
…		…	…	…	…	…	…	…	…
…		B12	B22	118	…	83	0.376	…	351
6	…	…	…	…	…	…	…	…	…
…	B4	B41	B411	1039562	…	523721	0.896	…	0.648
…		…	…	…	…	…	…	…	…
42		B44	B443	0.176	…	0.225	0.102	…	0.131

资料来源：笔者整理。

3.5.3 基于相关性分析的指标筛选

为了降低指标体系的冗余度，使用SPSS软件对各项指标标准化处理后的数

① 郭亚军. 综合评价理论与方法［M］. 北京：科学出版社，2002：15-18.

据进行相关性分析，剔除各指标集中显著相关的指标。使用定量分析的方法对指标进行进一步的筛选，保证了指标体系的客观性。

进行相关性分析的首要步骤是计算指标集内各项指标之间的 Pearson 相关系数，设 r_{ab} 为指标 a 和指标 b 的相关系数，a_i 为指标 a 的第 i 个量化值，$\bar{a}$ 为指标 a 的平均值，b_i 为指标 b 的第 i 个量化值，$\bar{b}$ 为指标 b 的平均值，n 为样本容量，Pearson 相关系数的计算公式如下：①

$$r_{ab} = \frac{\sum_{i=1}^{n}(a_i - \bar{a})(b_i - \bar{b})}{\sqrt{\sum_{i=1}^{n}(a_i - \bar{a})^2}\sqrt{\sum_{i=1}^{n}(b_i - \bar{b})^2}} \tag{3-3}$$

然后将计算得出的指标间相关系数与设置的显著性相关系数阈值 M 进行比较，若 $|r_{ab}| > M$，则表示两个指标显著相关，可剔除其中一个评价指标；反之，若 $|r_{ab}| < M$，则表示两个指标间并非显著相关，可同时保留。显著相关系数阈值 M 采用加权平均的方法，通过查阅并统计分析已有研究的相关文献得到两个特征群体认定的经验值，综合考量后，计算得出其最终数值为 0.84。

将表 3 – 3 中第 1 ~ 41 行的第 16 ~ 26 列依照四个一级指标层依次代入式（3 – 3），并借助 SPSS 软件计算出各个指标间的相关系数，结果如表 3 – 4 ~ 表 3 – 7 所示，分别表示灾害要素、信息特征、媒体传播、受众倾向指标相关性分析结果（保留小数点后两位）。

表 3 – 4 相关性分析结果

一级指标	二级指标	保留指标	剔除指标	相关系数
B1 灾害要素	B11 物理属性	B111 致灾因子强度（地震震级、台风风速、干旱指数等）	—	0.59
		B112 持续时间	—	0.72
		B113 影响范围	—	0.68
	B12 破坏程度	B121 财产损失	—	0.78
		B122 人员伤亡	—	0.77

资料来源：笔者整理。

① 范柏乃，单世涛．城市技术创新能力评价指标筛选方法研究［J］．科学学研究，2002，20（6）：663 – 668.

根据表3－4的结果可知，灾害要素指标在经过相关性分析后没有发生变化，说明该指标集中的各项指标独立性较好，无冗余指标。

表3－5　　相关性分析结果

<table>
<tr><th>一级指标</th><th>二级指标</th><th>保留</th><th>剔除</th><th>相关系数</th></tr>
<tr><td rowspan="4">B2 信息特征</td><td>B21 信息来源可靠度</td><td>B213 信息发布者权威度</td><td>B211 信息发布者影响度</td><td>0.92</td></tr>
<tr><td rowspan="2">B22 信息直观度</td><td>B221 纯文字信息数量</td><td>—</td><td>0.81</td></tr>
<tr><td>B222 含图片信息数量</td><td>含视频信息数量</td><td>0.88</td></tr>
<tr><td>B23 信息异化度</td><td>B232 虚假信息数量与内容相关信息总量之比</td><td>—</td><td>0.73</td></tr>
</table>

资料来源：笔者整理。

根据表3－5的结果可以看出，在信息来源可靠度方面，信息发布者权威度和信息发布者影响度两个指标的一致性较高，且信息发布者权威度指标的代表性更好；在信息直观度方面，纯文字信息的数量最多，仍处于主要地位，但随着网络舆情的深入讨论和发展，含图片信息和含视频信息所占比例会略微上升，其中，含图片信息数量和含视频信息数量的一致性较高；与突发自然灾害相关的虚假信息数量在相关信息总量中的占比体现出该舆情中信息的异化程度。

表3－6　　相关性分析结果

<table>
<tr><th>一级指标</th><th>二级指标</th><th>保留指标</th><th>剔除指标</th><th>相关系数</th></tr>
<tr><td rowspan="8">B3 媒体传播</td><td>B31 媒体影响力</td><td>B311 总流量</td><td>B312 日流量</td><td>0.87</td></tr>
<tr><td rowspan="3">B32 媒体参与度</td><td rowspan="3">B321 媒体总量</td><td>B322 微媒体数量</td><td>0.94</td></tr>
<tr><td>B323 新闻网站数量</td><td>0.85</td></tr>
<tr><td>B324 论坛数量</td><td>0.92</td></tr>
<tr><td>B33 传播扩散度</td><td>B332 单位时间内容相关信息与总量比变化程度</td><td>B331 内容相关信息与总量比变化程度</td><td>0.93</td></tr>
<tr><td rowspan="3">B34 传播速度</td><td>B341 原创新闻数变化率</td><td>B342 新闻转发数变化率</td><td>0.89</td></tr>
<tr><td rowspan="2">B343 原创微博数变化率</td><td>B344 微博转发数变化率</td><td>0.91</td></tr>
<tr><td>B345 原创微信数变化率</td><td>0.88</td></tr>
</table>

续表

一级指标	二级指标	保留指标	剔除指标	相关系数
B3 媒体传播	B34 传播速度	B343 原创微博数变化率	B346 微信转发数变化率	0.89
			B347 原创帖子数变化率	0.90
			B348 帖子转发数变化率	0.92
	B35 传播效果	B351 及时程度	—	0.73
		B352 持续时间	—	0.69

资料来源：笔者整理。

根据表 3－6 可以看出，传播媒体的总流量在一定程度上体现出媒体的影响力；在媒体参与度方面，微媒体、新闻网站和论坛的相关系数较高；单位时间内容相关信息与总量比变化程度反映出舆情的传播扩散度；在传播速度方面，随着新媒体的发展，微博、微信与论坛的传播机动性更强，变化率更高，三者的一致性较高，而新闻媒体的传播速度相比之下稍显缓慢；各大媒体对舆情相关信息报道的及时性和持续时间影响最终的传播效果。

表 3－7　相关性分析结果

一级指标	二级指标	保留指标	剔除指标	相关系数
B4 受众倾向	B41 网民参与度	B412 评论量	B411 点击量	0.86
			B413 转载量	0.91
			B414 发帖量	0.89
	B42 情感分布	B421 正面情绪	B422 负面情绪	0.92
		B423 中立态度	—	0.71
	B43 网龄分布	B432 1～3 年	B431 1 年以下	0.88
			B433 3～5 年	0.91
		B434 5 年以上	—	0.68
	B44 地域分布	B441 东部沿海地区	B442 中部内陆城市	0.93
		B443 西部边远地区	—	0.65

资料来源：笔者整理。

根据表 3－7 受众倾向指标集的结果可以看出，在网民参与度方面，民众在网络中对舆情的评价和讨论反映出他们参与的积极性；在情感分布方面，网民对舆情的情绪态度表现比较明确；在网龄分布方面，1～3 年的网民数量较多，也比较稳定，而 5 年以上的老网民人数虽然少于新网民，但他们在舆情的发展中较为稳定且不乏“意见领袖”；在地域分布方面，我国东部地区更为发达，网民数量庞大、新媒体的普及率较高，突发自然灾害网络舆情易引起关注并成为热点，中部地区与其一致性较高，而西部地区经济发展和网络普及较为落后，与东部地区仍有一定的差距，舆情反应稍显滞后。

经过相关性分析后筛选出的指标体系见表 3－8，剩余一级指标 4 个，二级指标 14 个，三级指标 23 个。

表 3－8　　相关性分析后的指标

一级指标	二级指标	三级指标
B1 灾害要素	B11 物理属性	B111 致灾因子强度（地震震级、台风风速、干旱指数等）
		B112 持续时间
		B113 影响范围
	B12 破坏程度	B121 财产损失
		B122 人员伤亡
B2 信息特征	B21 信息来源可靠度	B213 信息发布者权威度
	B22 信息直观度	B221 纯文字信息数量
		B222 含图片信息数量
	B23 信息异化度	B232 虚假信息数量与内容相关信息总量之比
B3 媒体传播	B31 媒体影响力	B311 总流量
	B32 媒体参与度	B321 媒体总量
	B33 传播扩散度	B332 单位时间内容相关信息与总量比变化程度
	B34 传播速度	B341 原创新闻数变化率
		B343 原创微博数变化率
	B35 传播效果	B351 及时程度
		B352 持续时间
B4 受众倾向	B41 网民参与度	B412 评论量
	B42 情感分布	B421 正面情绪
		B423 中立态度
	B43 网龄分布	B432 1～3 年
		B434 5 年以上

续表

一级指标	二级指标	三级指标
B4 受众倾向	B44 地域分布	B441 东部沿海地区
		B443 西部边远地区

资料来源：笔者整理。

3.5.4 基于主成分分析的指标筛选

经过相关性分析后，指标还是会存在冗余，再采用主成分分析方法对指标体系内剩余的评价指标进行筛选，通过降维处理去除因子负载贡献小的指标，精简指标体系。主成分分析的本质是对高维变量系统地进行最佳综合与简化，其数学模型为：

$$F_j = a_{i1}(X_1) + a_{i2}(X_2) + \cdots + a_{im}(X_m),\ i = 1,\ 2,\ \cdots,\ k \qquad (3-4)$$

其中，X_i 表示指标；F_j 表示主成分 $j=1,\ 2,\ \cdots,\ k$；a_{im}为第 i 个特征向量的第 m 个分量；m 为指标的个数。

在主成分分析中，将累积方差贡献率阈值设定为84%，第一主成分负载阈值设定为0.85，其中，通过式（3-5）将方差贡献率进行累加计算，可以得出：

$$S = \frac{\sum_{i=1}^{k} \lambda i}{\sum_{i=1}^{p} \lambda i} \qquad (3-5)$$

其中，λi 表示原始指标值方差之和，p 是主成分的个数。

以4个一级指标层所对应的指标集为例，依照表3-8相关性分析后的指标体系，将表3-3中的原始数据对应的标准化数据代入式（3-4）和式（3-5），使用SPSS软件计算出主成分分析的结果，见表3-9、表3-10。

表3-9　突发自然灾害网络舆情监测指标体系的主成分特征值和贡献率

一级指标层	第一主成分方差贡献率	第二主成分方差贡献率	累计方差贡献率
B1	0.84	0.16	0.91
B2	0.76	0.25	0.87
B3	0.81	0.19	0.96
B4	0.79	0.23	0.86

资料来源：笔者整理。

表3-10 突发自然灾害网络舆情监测指标体系的主成分因子负载系数

一级指标	二级指标	三级指标	第一主成分	第二主成分	筛选结果
B1 灾害要素	B11 物理属性	B111 致灾因子强度（地震震级、台风风速、干旱指数等）	0.90	0.35	保留
		B112 持续时间	0.82	-0.23	删除
		B113 影响范围	0.89	0.21	保留
	B12 破坏程度	B121 财产损失	0.48	-0.89	保留
		B122 人员伤亡	0.63	0.93	保留
B2 信息特征	B21 信息来源可靠度	B213 信息发布者权威度	0.88	0.26	保留
	B22 信息直观度	B221 纯文字信息数量	0.78	0.39	删除
		B222 含图片信息数量	0.84	-0.91	保留
	B23 信息异化度	B232 虚假信息数量与内容相关信息总量之比	0.92	0.17	保留
B3 媒体传播	B31 媒体影响力	B311 总流量	0.87	0.19	保留
	B32 媒体参与度	B321 媒体总量	0.71	0.91	保留
	B33 传播扩散度	B332 单位时间内容相关信息与总量比变化程度	0.26	0.92	保留
	B34 传播速度	B341 原创新闻数变化率	0.68	0.47	删除
		B343 原创微博数变化率	0.87	-0.92	保留
	B35 传播效果	B351 及时程度	0.78	-0.57	删除
		B352 持续时间	0.94	0.23	保留
B4 受众倾向	B41 网民参与度	B412 评论量	0.19	-0.88	保留
	B42 情感分布	B421 正面情绪	0.89	0.45	保留
		B423 中立态度	0.72	0.25	删除
	B43 网龄分布	B432 1~3年	0.24	0.96	保留
		B434 5年以上	0.69	0.37	删除
	B44 地域分布	B441 东部沿海地区	0.91	0.36	保留
		B443 西部边远地区	0.74	0.29	删除

资料来源：笔者整理。

3.5.5 突发自然灾害网络舆情风险监测指标体系的合理性检验

利用表 3 – 3 中的数据计算各指标的方差，把经过相关性分析和主成分分析筛选前后得到的指标的总方差 S_r 和 S_p 代入式（3 –6）：

$$\text{In} = \frac{tr(S_p)}{tr(S_r)} \tag{3-6}$$

其中，$tr(S)$ 为方差特征值总和，r 为初选指标，p 为筛选后的指标。经计算，得出筛选后的指标集相比于筛选前的指标集的信息贡献率 In =97. 2%。该结果表明本体系中有 38. 09%（16/42）的指标表征了 97. 2% 的信息，说明这 16 个指标能够代表大部分指标，证实了本书构建指标体系的合理性。

经过逐层苛刻的指标筛选，本书最终构建出包含 4 个一级指标、14 个二级指标、16 个三级指标的突发自然灾害网络舆情风险监测的指标体系，见表 3 – 11。

表 3 –11　　自然灾害网络舆情风险监测指标体系

一级指标	二级指标	三级指标
B1 灾害要素	B11 物理属性	B111 致灾因子强度（地震震级、台风风速、干旱指数等）
		B113 影响范围
	B12 破坏程度	B121 财产损失
		B122 人员伤亡
B2 信息特征	B21 信息来源可靠度	B213 信息发布者权威度
	B22 信息直观度	B222 含图片信息数量
	B23 信息异化度	B232 虚假信息数量与内容相关信息总量之比
B3 媒体传播	B31 媒体影响力	B311 总流量
	B32 媒体参与度	B321 媒体总量
	B33 传播扩散度	B332 单位时间内容相关信息与总量比变化程度
	B34 传播速度	B343 原创微博数变化率
	B35 传播效果	B352 持续时间
B4 受众倾向	B41 网民参与度	B412 评论量
	B42 情感分布	B421 正面情绪
	B43 网龄分布	B432 1 ~3 年
	B44 地域分布	B441 东部沿海地区

资料来源：笔者整理。

3.6 基于熵权法的指标权重设置

3.6.1 熵权法概述

熵的概念最早是由德国物理学家 R. 克劳修斯（R. Clausius）提出的，用来形容热力学中热运动过程的不可逆性。之后，美国科学家克劳德·香农（Claude E. Shannon）将其首次引入信息论，并将信息量和熵值用来表示信息系统的有序程度和无序程度。信息与熵成反比，信息的熵越大，表示信息的无序性越高，因此信息的差异性越小，指标的权重也就越小，权重过小的指标可适当考虑将其删除。熵权法是通过计算指标信息熵，根据其差异程度来确定指标权重的一种客观赋权法，得到的指标权重比常用的主观赋权法更加客观、准确。①

熵权法的具体操作步骤如下。

（1）建立初始数据矩阵。现有 a 个被评价对象，b 个评价指标，则初始数据矩阵为：

$$X = \begin{bmatrix} X_{11} \cdots X_{1b} \\ X_{a1} \cdots X_{ab} \end{bmatrix}$$

其中，X_{ab}为第 b 个评价指标下第 a 个被评价对象的值。

（2）采用极差法对初始数据矩阵进行标准化处理，消除变量间的量纲影响。突发自然灾害网络舆情风险监测指标的原始数据越大，表示舆情热度越高，风险越大，属于越大越优型指标，需进行正向处理：

$$V_{ij} = \frac{x_{ij} - \min(x_{ij})}{\max\limits_{i}(x_{ij}) - \min\limits_{i}(x_{ij})} \tag{3-7}$$

得到标准化以后的数据矩阵 V：

$$V = (V_{ij})_{a \times b}$$

经过无量纲处理后，$V_{ij} \in [0,\ 1]$。

（3）计算第 j 项指标和第 i 个被评价对象的特征比重：

$$p_{ij} = \frac{V_{ij}}{\sum\limits_{i=1}^{a} V_{ij}},\ p_{ij} \in [0,\ 1] \tag{3-8}$$

---

① 刘爽．基于熵权法与TOPSIS模型的高校图书馆电子资源绩效评价实证研究［D］．沈阳：辽宁大学，2016.

（4）计算各指标的熵值，第 j 个指标的熵为：

$$e_j = -\ln(a)^{-1}\sum_{i=1}^{a} p_{ij}\ln p_{ij} \tag{3-9}$$

（5）计算各指标的差异系数，第 j 个指标的差异系数为：

$$g_j = 1 - e_j \tag{3-10}$$

（6）确定各指标的熵权，第 j 个指标的权重为：

$$W_j = \frac{g_j}{\sum_{j=1}^{b} g_j} \tag{3-11}$$

3.6.2　数据来源及初始数据矩阵的建立

通过“清博大数据”“百度指数”“新浪微指数”等数据平台的查找与筛选，本书选取2017年具有代表性的四例突发自然灾害作为评价对象，“13号台风天鸽来袭”“九寨沟地震”“四川省茂县山体垮塌”“新疆喀什5.5级地震”分别对应评价对象1、2、3、4，各个评价对象的16项末级指标具体数据利用“清博大数据”“知微事见”数据平台以及“Gooseeker”爬虫软件进行采集。对获得的数据进行处理后，以4个评价对象为行、16个评价指标为列，构建出初始数据矩阵（见表3－12）。

表3－12　　初始数据矩阵

序号	1	2	3	4	5	6	7	8	9	10	11	12	13	14	15	16
1	15	158	477.4	546	1.08	0.53	0.11	75.67	304949	81.4	731	13	2592100	0.52	0.42	0.59
2	7	8	80.43	560	1.41	0.51	0.15	91.9	933074	86.8	2779	14.5	9050800	0.44	0.46	0.36
3	4	1	1.2	86	0.89	0.48	0.04	67.3	45314	77.5	437	6.4	312670	0.38	0.39	0.49
4	5.5	5	20.05	39	0.67	0.47	0.06	55.32	15366	69.4	194	5.1	96806	0.34	0.47	0.32

资料来源：笔者整理。

3.6.3　基于熵权法的指标权重分析

信息熵求权重是建立在样本实测数据信息混乱度的基础之上，将表3－12中的初始数据代入式（3－7），得到标准化处理后的数据矩阵，再根据各指标标准化后的值，结合式（3－8）~式（3－11）可分别求出各个评价指标的熵值 e、差异系数 g，并最终求得各评价指标基于熵权法的权重值 w，见表3－13。

表3－13　基于熵权法的指标权重分析结果

三级指标	熵值 e	差异系数 g	权重 w
B111 致灾因子强度（地震震级、台风风速、干旱指数等）	0.9038	0.0962	0.0285
B113 影响范围	0.2532	0.7468	0.2217
B121 财产损失	0.4054	0.5946	0.1765
B122 人员伤亡	0.7315	0.2685	0.0797
B213 信息发布者权威度	0.9719	0.0281	0.0083
B222 含图片信息数量	0.9990	0.0010	0.0003
B232 虚假信息数量与内容相关信息总量之比	0.7680	0.2320	0.0689
B311 总流量	0.9879	0.0121	0.0036
B321 媒体总量	0.5391	0.4609	0.1368
B332 单位时间内容相关信息与总量比变化程度	0.9976	0.0024	0.0007
B343 原创微博数变化率	0.6885	0.3115	0.0925
B352 持续时间	0.9348	0.0652	0.0194
B412 评论量	0.4899	0.5101	0.1514
B421 正面情绪	0.9886	0.0114	0.0034
B432 1～3年	0.9976	0.0024	0.0007
B441 东部沿海地区	0.9744	0.0256	0.0076

资料来源：笔者整理。

3.6.4　权重计算结果分析

经过上述指标筛选和赋权操作，去粗取精，最终可得到自然灾害网络舆情风险监测指标体系及各层指标的权重，见表3－14。

表3－14　突发自然灾害网络舆情风险监测指标体系及各指标的权重

一级指标	一级指标权重	二级指标	二级指标权重	三级指标	三级指标权重
B1 灾害要素	0.5064	C1 物理属性	0.4941	D1 致灾因子强度（地震震级、台风风速、干旱指数等）	0.1181
				D2 影响范围	0.8859
		C2 破坏程度	0.5059	D3 财产损失	0.6889
				D4 人员伤亡	0.3111

续表

一级指标	一级指标权重	二级指标	二级指标权重	三级指标	三级指标权重
B2 信息特征	0.0775	C3 信息来源可靠度	0.1075	D5 信息发布者权威度	1
		C4 信息直观度	0.0037	D6 含图片信息数量	1
		C5 信息异化度	0.8888	D7 虚假信息数量与内容相关信息总量之比	1
B3 媒体传播	0.2529	C6 媒体影响力	0.0142	D8 总流量	1
		C7 媒体参与度	0.5409	D9 媒体总量	1
		C8 传播扩散度	0.0028	D10 单位时间内容相关信息与总量比变化程度	1
		C9 传播速度	0.3656	D11 原创微博数变化率	1
		C10 传播效果	0.0765	D12 持续时间	1
B4 受众倾向	0.1631	C11 网民参与度	0.09283	D13 评论量	1
		C12 情感分布	0.1631	D14 正面情绪	1
		C13 网龄分布	0.0044	D15 1～3 年	1
		C14 地域分布	0.0467	D16 东部沿海地区	1

资料来源：笔者整理。

根据权重计算结果可知，4 个一级指标对突发自然灾害网络舆情风险监测指标体系影响程度依次为：灾害要素为 0.5064、媒体传播为 0.2529、信息特征为 0.0775、受众倾向为 0.0693。从各个指标的权重分布来看，突发自然灾害本身对舆情的衍生和发展起决定性作用，媒体传播在舆情的推助上也具有重要意义，其后是受众倾向，相比之下，信息特征的影响力最小。

在灾害要素中，突发自然灾害的物理属性和破坏程度平分秋色，对网络舆情都具有重要的影响。在物理属性中，突发自然灾害影响范围的重要性远高于致灾因子强度，表明影响范围广的自然灾害更需引起有关部门的高度关注；在破坏程度中，财产损失高于人员伤亡的权重，这是因为部分自然灾害可能未造成人员伤亡或伤亡程度较低，但造成的财产损失巨大，仍会引发公众的热议，如雪灾、干旱等。在信息特征、媒体传播和受众倾向的二级指标中，信息异化度、媒体参与度、传播速度、传播效果、网民参与度等指标具有重要影响力。这些指标的重要性体现出突发自然灾害网络舆情发展的特点，自然灾害本身的敏感性对舆情的发展起决定性作用，媒体的关注、意见领袖的推波助澜、网民的参与以及相关信息的快速传播使突发自然灾害成为舆论焦点；突发自然灾害发生后，一些顺势滋生的恶意谣言也会迅速引起公众的关注，这类舆情信息的风险性更大；另外，网民议论的热点、舆情背后反映出的深层次问题比突发自然灾害本身更应该引起社会管理者的重视和反思。

3.7　本章小结

本书在选取大量相关文献分析、总结的基础上，从突发自然灾害的灾害要素、信息特征、媒体传播和受众倾向四个角度构建了网络舆情风险监测指标体系，并采用多种方法对初始指标进行层层筛选，最终构建出一个由 16 项末级指标构成的指标体系，并通过具体的量化分析方法保证了指标体系的合理性。在指标的权重设定上，本书采用基于指标信息熵变化程度的熵权法，选取 2017 年具有代表性的四例突发自然灾害网络舆情作为评价对象，通过对量化数据的客观计算确定各级指标的权重，并得出各级指标中的重要因素。

这些具有重要性的指标体现出突发自然灾害网络舆情在衍生和发展中的特点。因此，在突发自然灾害发生后，有关政府部门和机构需要进行全程的网络舆情监测，尤其是影响范围大、造成损失严重的自然灾害更应予以高度重视，重点对与突发自然灾害、抢险救灾有关的新闻报道、微博和论坛发帖进行动态监测。若发现媒体和网民对突发自然灾害相关的各类事件有批评非议、甚至恶意造谣的，应及时掌握情况，积极沟通引导、听取民众意见、改进不当、争取理解，将突发自然灾害可能引发的舆情风险控制到最低。

第4章　突发自然灾害网络舆情风险评价模型构建研究

目前，我国已有很多学者对舆情评价方法的应用进行了大量的研究。范语馨、史志华采用模糊层次分析的方法对生态环境的脆弱性进行了评价研究。[①] 郭宇、王晰巍等人采用扎根理论和神经网络分析的方法对网络社群知识消费用户体验进行了评价研究。[②] 张亚明等人采用 Vague 集的方法对微博舆情评价体系进行了研究。[③] 张艳岩采取了基于支持向量机的方法对网络舆情危机进行了评价研究。[④] 赵巍飞、万俊强则采用五元联系数——熵权法对航空公司进行风险评价。[⑤] 上述评价方法在解决特定问题方面各有优势，方法虽多，原理却不尽相同，它们的优势、劣势以及适用范围在上文中做了详细阐述，由于本书要对舆情风险进行等级划分，故要寻求一种适合等级评价的方法，因此，选择上文提到的投影寻踪模型来实现评价，在实际操作中发现，经遗传算法改进的投影寻踪模型的评价结果往往更有效。

4.1　投影寻踪模型

4.1.1　投影寻踪的概念

投影寻踪模型（projection pursuit，PP）是将高维数据向低维空间投影（一般

---

① 范语馨，史志华．基于模糊层次分析法的生态环境脆弱性评价——以三峡水库生态屏障区湖北段为例［J］．水土保持学报，2018，32（1）：91－96.

② 郭宇，王晰巍，杨梦晴．网络社群知识消费用户体验评价研究——基于扎根理论和 BP 神经网络的分析［J］．情报理论与实践，2018（3）：117－122，141.

③ 张亚明，刘婉莹，刘海鸥．基于 Vague 集的微博舆情评估体系研究［J］．情报杂志，2014，33（4）：84－89.

④ 张艳岩．基于支持向量机的网络舆情危机预警研究［D］．南昌：江西财经大学，2013.

⑤ 赵巍飞，万俊强．五元联系数——熵权法的航空公司风险评价［J］．科学技术与工程，2018，18（5）：347－352.

是一维和二维），通过分析投影到低维空间的数据特征来研究高维数据，从而找到反映数据结构特征的最优投影，是处理多指标问题的统计方法。① “投影”过程实际上是将复杂、深奥的问题，通过简化、放大处理，把简单、直观的结果呈现在我们面前，达到对复杂、深奥问题解决的目的，整个过程遵循着由繁至简的规则，这为复杂问题的解决带来了新思路。它的基本思想是：把高维数据通过投影函数的处理，投影到低维子空间中，并选取某个高维数据的投影指标，并对高维数据相应的投影进行分析。

其过程包括样本的确定 $\{x^*(i, j) \mid i=1, 2, \cdots, b; j=1, 2, \cdots, c\}$ 及评估体系的建立、对样本数据进行归一化处理（对于越大越优的指标采用 $x(i, j) = \frac{x^*(i, j) - x_{\min}}{x\min_{\max}}$、构造投影函数 $[Q(a) = S_Z D_Z]$、求投影值从而得出最佳投影方向 $[Q(a)Z_{z\max}$，约束条件：s. t. $\sum_{j=1}^{p} a^2(j) = 1]$，即可得到分类评价。

4.1.2　投影寻踪对于舆情风险评价的适用性

投影寻踪模型主要应用于各领域、各行业的风险评价领域，在环境质量评价与环境监测、水资源调查与水利规划、农业基础科学等自然科学应用广泛。② 最近几年，虽然在基础科学研究文献的数量增速有所下降，但在社会科学领域研究的文献数量有所增加。例如，余航等人③和张竟竟等人④采用此模型对旱灾进行了评估。张玉佳⑤则对于供应链融资风险进行了评价。除此之外，采用此方法对网络舆情进行风险评价开始进入人们的视线，李喆⑥用此方法实现了对网络舆情的评价，他将网络舆情在各个时间段进行了等级划分，并确定了每个舆情评价指标对网络舆情的影响，这是投影寻踪模型初次在网络舆情评价方面的应用，最终达到了良好的效果。黄星⑦等人实现了对突发事件网络舆情的风险评价。总的来

---

① 谢贤健，韦方强，张继，石勇国，韩光中，胡学华．基于投影寻踪模型的滑坡危险性等级评价［J］．地球科学：中国地质大学学报，2015，40（9）：1598－1606.

② 吴春梅，罗芳琼．投影寻踪技术的理论及应用研究进展［J］．柳州师专学报，2009，24（1）：120－125.

③ 余航，王龙，文俊，田琳，张茂堂．基于投影寻踪原理的云南旱灾评估［J］．中国农学通报，2012，28（8）：267－270.

④ 张竟竟，郭志富．基于投影寻踪模型的河南省农业旱灾风险评价［J］．干旱区资源与环境，2016，30（6）：83－88.

⑤ 张玉佳，基于改进投影寻踪的供应链融资风险评价研究［D］．邯郸：河北工程大学，2012.

⑥ 李喆．基于投影寻踪模型的网络舆情评价［J］．计算机仿真，2017，34（4）：391－395.

⑦ 黄星，刘樑．突发事件网络舆情风险评价方法及应用［J］．情报科学，2018，36（4）：3－9.

说，投影寻踪主要应用于多元问题的评价，根据不同的问题类别，可将其应用大致总结为聚类分析模型、分类分析模型以及等级评价模型。

投影寻踪方法的适用范围要根据待解决问题的特征，也就是说能否使用投影寻踪方法取决于所研究问题是否是投影寻踪擅长的，就本书来说，此方法是否适用于舆情风险评价是本书模型构建的出发点。

首先，从舆情风险评价自身考虑。舆情风险是由自然灾害事件发生后，在网络上可能形成对人和社会造成的不良影响，衡量这种不良影响往往不是单一因素，而是多种因素综合影响的结果。此外，网络上不良影响的内容不再是单一的文字陈述，还包含了各种表情、符号、标签等，发布这些内容的平台环境也不是唯一，由于舆情风险的表现形式、承载主体多种多样，舆情的风险评价必然涉及多方因素，因此舆情风险评价是一个多维、非线性的问题，是典型的多因素综合评价。为了更准确地对网络舆情进行评估，一般来说，要建立一个解决多因素影响的综合评价模型，通常采用主成分分析法。考虑到舆情评价拥有没有特定标准的特殊性，因而无监督的方式适合舆情评价，同时考虑到舆情评价最好以等级预警的方式将不同风险规模的舆情尽可能地区分开，才能提供舆情评价的实践用途。

其次，从投影寻踪方法的适用性方面考虑。方法只有应用在恰当的问题中才能发挥应有的效果，投影寻踪突破了传统的证实性数据分析方法（以下简称 CDA 法），将过高的数据维度降成低维。因为投影方向会随着数据维度的增多而增多，投影寻踪方法可以找到代表着数据结构的投影方向，避免其他投影方向中数据的干扰，它在处理数据时会自动找到数据间的内在规律，并且搜寻的是线性投影中的非线性结构，因此适合处理非线性问题，且稳健程度较高。此外，投影寻踪方法也适用于非正态问题。我们面临的部分现实问题千变万化，难以找到数据的内在规律，用数学程式化解决问题更是难上加难，这也是 CDA 法难以解决的，但是对于非正态问题，投影寻踪便可发挥它的作用。

因此，舆情风险评价适合使用投影寻踪方法解决。从舆情风险评价自身需求和投影寻踪方法的适用性做了分析，发现两者高度匹配，舆情风险评价是一个多维、非线性、非正态的问题，而投影寻踪方法尤其擅长处理此类问题。因此，鉴于舆情风险评价对模型严苛的要求，本书尝试采取投影寻踪分类法建立一个能区分不同级别的灾害事件舆情风险评价模型，即投影寻踪分类（以下简称 PP）模型，最终依据模型计算出样本的投影特征值来对样本进行合理的评价。

4.2 加速遗传算法

“加速”顾名思义，就是加快遗传算法的进化迭代速度，是遗传算法的一种改进方案，以此来提高遗传算法的性能。遗传算法（genetic algorithm，GA）是一种应用十分广泛的智能优化方法，现如今各大编程环境均支持此算法且操作相对来说较为容易，属于黑箱算法的一种，用户只需输入待优化的数据信息，通过某种操作环境就可输出想要的优化结果。它把待解决问题的原始数据作为父代群体，把构建好的目标函数作为适应度函数来进行原始数据是否适应环境的适应度量，父代经过遗传操作生成子代个体，后者再经过基因变异，选取高适应度的，如此反复进化，最终使子代个体的适应能力不断提高。其基本过程为：对优化变量采用线性变换进行实数编码 $X(j)=a(j)+y(j)[b(j)-a(j)]$，$j=1, 2, \cdots, p$、对父代群体进行初始化、定义基于序的评价函数 [$eval(y(j, i)=a(1-a)^{i-1}$，$i=1, 2, \cdots, n$]、选择、杂交、变异，然后用加速的方式进行迭代演化。它是借鉴生物界的生存法则而推理演化出来的优化搜索方法。遗传算法作为最近三十几年广泛使用的智能算法之一，解决了许多难以寻优的问题，尤其是模拟生物进化机理的遗传算子具有强大的功能，算法具有更好的全局寻优能力，采用基于概率的寻优方式，可以自适应地调整搜索方向，具有一定的智能性。[①] 遗传算法是对个体组成的种群进行模拟进化操作，从而达到优化的目的。根据适应度值的大小来确定是否选择保留，适应度值小的有很小的概率不被选取，选择适应值大的进行遗传操作。通过交叉产生的子代个体继承了父辈的优良品质，再将子代中的所有更加优良的个体遗传下去，这样无限逼近更加优秀的适应值，达到“精益求精”，“优中选优”的目的。[②] 它是一种全局搜索和优化的算法，把它应用在舆情等级划分上面可以对等级的划分求得最优解。[③] 遗传算法进行加速的基本原理是：在上述遗传算法的操作基础上，对搜索到的最优个体根据适应度值进行调整，不断优化和缩小变量的搜索区间，尽可能地将优良个体值集中起来，达到提高算法运行速度、缩短运行时间的目的，以此进行加速操作，形成加速遗传算法。

---

① J H Holland. Adaptation in Natural Artificial Systems. AnnArbor [J]. University of Michigan press, 1975.

② 刘奕君，赵强，郝文利. 基于遗传算法优化 BP 神经网络的瓦斯浓度预测研究 [J]. 矿业安全与环保，2015，42 (2)：56-60.

③ 马永杰，云文霞. 遗传算法研究进展 [J]. 计算机应用研究，2012，29 (4)：1201-1206，1210.

4.2.1 遗传算法的再选择

遗传算法的理论研究一直在发展中，其研究主要集中在编码表示、适应度函数、遗传算子、参数选择和收敛性分析。其中，编码表示方式、适应度函数的选取、遗传算子的确定和参数选择会直接影响遗传算法的优化结果，本书将从上述几个方面着手，选取最优的方式和值。

（1）编码表示方式。如何对算法选择一种有效的编码方式是首要的问题，因为数据串的编码、解码以及其储存信息的安全性和高效性直接决定着遗传算法性能的强弱，选择一种合适的编码方案对算法的效率意义重大。常见的编码表示方案有二进制编码、实数编码、符号编码、自然数编码、Delta 编码、格雷码编码等，下文将对几种常见的编码方式进行分析，最终选择适合本研究的编码方式。

其中，二进制编码是用 0 和 1 表示所有的信息，每个个体就可表示为一个由 0 和 1 组成的二进制字符串，类似于计算机网络中的 IP 地址。J. 霍兰德（J. Holland）教授最早提出的遗传算法（以下简称 GA）就是采取二进制编码，从目前的研究来看，由于二进制方法使用的广泛性以及借鉴计算机的工作原理、数据信号传输的原理可知二进制编码方式具有不可比拟的先进优势，故凡是涉及信号传导的问题都可以用二进制编码来表达。因此，二进制编码是 GA 最早、最常用的一种编码方式。由此可推导出以下结论，二进制编码方案具有操作简单易行、遗传算子便于实现等主要优点；然而，二进制编码在一些多维、高精度连续函数的优化问题上还存在不足，其在处理此类问题的主要缺点为以下四点：第一，二进制编码很难展示问题的固有结构，实际所解决的问题较难转化成二进制编码，这样给特定问题遗传算子的设计增加了难度；第二，二进制编码使得 GA 的局部搜索能力变差；第三，每一步都需要编码和解码，这样会导致算法的计算量增加，进而增加编码错误的风险；第四，由于编码长度会影响算法的精度，一般来说，当原始数据量很大时，用二进制表示的字符串会很长，当编码的字符串长度太长时，会导致算法的精度过高，使得 GA 的搜索范围变得很大，造成计算冗余，导致 GA 的运行时间变长；而编码较短时，可能达不到精度要求；总之，编码的过长或过短都会影响算法效率和用户体验。

实数编码是用某一范围的实数代替个体基因的一种编码方式，采用此种编码方式的 GA 对于优化问题的解决已经有了众多应用，而且较多的应用在计算机科学、工程物理等学科领域。与二进制编码方式相比，其突出的优点有以下三点：第一，实数编码省去了烦琐的编码和解码过程，直接用真实值进行编码，个体的编码长度取决于决策量的个数，这样可在一定程度上提高算法效率；第二，保证较高的精度。精度由小数点后的有效位数决定，当我们取很多位有效数字时，可极大地提高算法精度；第三，适合大范围搜索。基于实数编码的GA是用原参数进行操作的，使得最优解可能存在的空间范围都作为待处理空间，弥补了局部搜索的先天不足，很适合处理复杂的多维非线性优化问题。尽管实数编码也存在遗传操作不灵活、收敛速度缓慢等问题，但是适应度函数和参数的调节会极大地改善其不足。

格雷码是编码进行相邻位转换时，只存在一位发生变化，剩余码位相同的一种编码方式，其实是弥补二进制编码在连续函数离散化时存在的不足，故在连续函数离散化时进行编码。严格意义上讲，格雷码编码是二进制编码的另一种形式。其优点也较为显著，增强了算法的局部寻优能力，对连续函数的局部区域有较强的搜索控制；不足之处在于无法避免二进制编码的固有缺陷，仅仅优化了局部搜索能力，这对于算法的整体寻优帮助不大。

由此看来，对于较为复杂的数据，实数编码是做好的选择，它基本上弥补了二进制编码的缺陷，并在精度和速度两方面做了提升，可见实数编码是目前最优的编码方式。

（2）适应度函数的选择。简言之，GA算法的遗传机制主要取决于个体适应度，而衡量适应度的唯一途径是适应度函数的计算。适应度函数是算法中描述个体性能的函数，其值适应度就是描述个体的指标，其按照适应度的大小对个体进行遗传操作，它由衡量个体优劣程度的评估函数和约束条件组成，针对不同的专门问题需根据经验或算法来确定适应度函数里相应的参数。因此，适应度函数的选取应从以下三个方面考虑。

一是连续的正值。对适应度函数的要求是计算结果必须是正值，而且要是连续的，但是在适应度函数曲线的最优解部位附近，最好不要太陡或过于平缓。

二是计算量小。适应度函数不应设计得过于复杂，应该在保证对适应度值搜寻的效果下尽量简化，减少公式冗余，提高运算速率。

三是通用性。也就是函数的自适应性，一个优良的适应度函数，应尽可能地保持函数的通用性，而不是让其仅适用于特定问题，使用户在求解种种问题时，无须更改函数中的参数，让算法在运算的过程中自动修正参数值，逐步逼近最优解。

由于适应度值越大越优的筛选机制，函数就需要搜寻适应度值大的个体，这样不断进行选取，最终可得到适应度值最大的个体，而对适应度值从大到小进行排序，往往能简化处理时间，故需要基于顺序的适应度函数来进行适应度值的搜寻。

（3）遗传算子的确定。遗传算法产生子代个体的方式就是利用算子的功能实现的，普遍意义上，遗传算子包括选择、交叉、变异三种不同类型的操作，算子运行的首要条件是个体通过适应度“洗礼”后脱颖而出的、符合条件的个体，淘汰劣质个体。选择操作就是用来确定父代种群中哪些个体可以传到下一代群体，这一过程无疑会淘汰掉某些个体，类似于生物界中拥有优良基因的个体才能存活下去的“自然选择”思想，通过选择算子，使得拥有高适应度的个体在子代中生存概率变大，而低适应度的个体在子代中生存概率变小，甚至被淘汰。选择操作的目的是尽最大可能避免基因缺失和保证全局收敛，选择操作的方式有很多，其中轮盘赌方式是最常见的选择机制。由于它对每个个体的选择具备“相对随机”，即适应度大的选择概率大，适应度小的选择概率小，符合选择操作的基本要求，因此，本书以轮盘赌的方法作为选择操作的选取机制。

交叉算子是指两个个体通过交叉互换而改变其基因的方式，与原来的染色体相比改变了染色体上的基因，形成新的染色体，从而产生两个新的子代。模拟生物界中的基因重组，每个子代能够产生比父辈更加适应新环境的能力，它融父母双方的优质基因于一体，因此它是产生新个体的最主要方式，也是遗传算子中作用最为显著的。进行交叉操作之前须使个体基因两两配对，在已经配对的个体之间进行交叉操作。交叉算子的作用是使得群体适应环境的能力稳步上升，保证了种群的稳定性，GA 的全局搜索能力就由它决定。常见的交叉方法主要有单点交叉、两点交叉、多点交叉等，不过随着交叉点的增多，个体结构遭到破坏的概率大大增加，可能会影响算法性能，因此，本书选择单点交叉作为交叉操作的机制，即随机选择个体的某段基因位点，由此位置开始交换两亲本的基因序列，从而产生了两个子代。

变异算子是指个体染色体编码串中的某位点的基因值被同一个染色体中的其他等位基因替换的过程，模仿生物遗传过程中的变异环节，即由“1”变成“0”或由“0”变成“1”。如此基因突变产生新的基因，从而形成新的个体。GA 的局部搜索寻优过程就是由它决定的。变异算子也有众多方式，常见的有均匀变异、非均匀变异、高斯变异、二倍体与显性变异。均匀变异是指均匀的增加群体多样性；非均匀变异则表示在搜索过程偏向于某一重点区域的变异方式；高斯变异是改进的非均匀变异，它提高了算法对重点区域的搜索能力；二倍体变异则适合解决动态环境下的系统优化问题，具有记忆功能；显性变异则具有一定的鲁棒性，提高了算法效率。为了保证变异的随机性，本书选择均匀变异算子。变异算子与交叉算子一般是同时进行的，这样可将目标解的局部搜索和全局搜索结合起来，致使GA对目标的寻优能力全方位的提高。使用变异算子的目的主要有维持种群的多样性，为个体的优化提供更加广阔的选择余地。

（4）参数的选取。参数选择是遗传操作中保持其准确性、可靠性的重要组成部分，遗传算法中的参数一般被认为是种群规模、交叉概率、变异概率、算法终止进化代数等，它可以影响结果的准确性和优化的性能。其中，种群规模要适中，过小会出现近亲繁殖，产生病态不良基因，而且遗传算子存在随机误差，阻碍了小群体中有效模式的正确传播，使得无法产生预期的种群个体数量，过大使得算法难以收敛，稳健性下降，一般来说，种群规模适合在20~500。交叉概率其实是个体交配的可能性大小，它表示个体基因之间交流的频繁程度。如果要让一个种群快速繁殖和进化，就说明种群间个体的交配频率要变高，这样有利于算法运行速度，其取值一般不能太小，否则，不能快速更新种群的基因；也不能将其设定为1，也就是每个个体都要交配，这样的坏处在于有可能破坏优良的基因模式，让其沾染劣质基因，容易错失最优个体，使得进化时间变长，因此，本书将其设定为0.8。变异概率表示进行变异操作的概率，借鉴生物的基因变异，变异概率不能偏大，尽管经过变异个体的多样性增加，但是盲目的提高变异概率有时不仅不能加快进化速度，有时反而会使个体过分“异化”，增加不良基因，对算法来说也是累赘；也不能过小，否则种群基因的多样性下降太快，可能会导致有效基因的丢失和遗忘，而且难以修补，因而变异概率适合偏小一点，一般取0.05，如此一来符合客观规律。终止进化代数说明了算法可以进行多少代，一般来说，遗传算法的进化代数存在一个临界点，在这个点以后函数几乎达到了收敛。自此点之后，进化代数对优化结果影响不大，也就是说，算法有一个最适宜的进化代数，而要确定这个值必须多次试验后才能确定，笔者经过前期演练，最终将其设为500。

遗传算法的收敛性通常是指通过迭代计算使得种群的适应度值达到某一特定值附近，此时适应度函数值应该在最优值上下浮动，达到收敛。一般来说，初始种群分布、遗传算子的设计和适应值函数都会影响算法收敛，收敛前期影响较大的是种群分布和遗传算子，而对于后期收敛性的影响较大的是适应度函数的构建。①

4.2.2　遗传算法的适用性

遗传算法的应用能够涉及众多领域。原因在于GA本身就是多种函数的集

---

① 朱钰，韩昌佩．一种种群自适应收敛的快速遗传算法［J］．计算机科学，2012，39（10）：214-217.

合，可以处理数据量较大且烦琐的数据计算，而每个学科领域均会产生符合要求的数据，凡是需要优化的问题，遗传算法均可以进行优化计算；因此，它作为一种通用的函数优化方法适用于所有领域。常见的应用领域包括多目标函数优化、生产调度、优化设计、数学模型、机器学习、模型预测、机器学习、数据挖掘等。①

此外，遗传算法中遗传算子的操作一般是基于一定的概率而进行的，这样虽然在很大程度上使得群体向适应度高的方向进化，但在一定程度下具有全局收敛性，且有较少的概率发生退化。由此可见，遗传算法既有通用的一面，又有自身的局限性，对不同问题进行“印刷式”的求解方式往往比较缺乏灵活性。通过大量的研究表明，仅仅依赖遗传算法作为进化算法，在模拟人类智能化能力方面还有欠缺，还需要更加深入地挖掘和利用人类的智慧。本书在遗传算法的基础上，对其进行改进，选用基于实数编码的加速遗传算法（以下简称 AGA），显而易见，AGA 使算法的寻优性能极大地增强，此外，还克服了二进制编码的缺点。AGA 应用于各个方面的研究，其中常见于地理、水利、图书情报、测绘、机械自动化等领域，谭婷婷②就把这种算法应用到互联网碎片化和去中心化信息的个性化推荐上，这样克服了网络信息的获取困难等问题。晁迎等人③将加速遗传算法应用在通信领域，对移动通信的基站选址问题进行了优化。房凯等人④和袁朝阳⑤将此方法分别应用在水利工程勘测和建筑土木工程中。

4.2.3 实数编码的遗传算法

遗传算法运行的首要问题是确定编码方式，它能从底层决定算法性能，本书选用实数编码，对迭代次数进行加速处理的遗传算法（AGA），舍弃传统的编码方式，原因有以下四点：一是采用实数编码。此编码方式对种群初始化较为简单，问题的解对应种群的个体，不需要二进制编码那样使用 transform 转换函数，便于 GA 与其他数据挖掘方法混合使用。二是采用基于序的评价函数对适应度进行评价，使其不受目标值的影响。三是对遗传操作产生的子代个体适应度进行统一的评价，即在所

---

① 葛继科，邱玉辉，吴春明，蒲国林. 遗传算法研究综述［J］. 计算机应用研究，2008（10）：2911－2916.

② 谭婷婷. 微内容推荐路径优化的加速遗传算法研究［J］. 图书情报工作，2013，57（9）：119－123，134.

③ 晁迎，覃锡忠，曹传玲，邓磊，刘汉兴. 加速遗传算法在移动通信基站规划中的应用［J］. 新疆大学学报：自然科学版，2016，33（1）：94－98，101.

④ 房凯，诸晓华，冯英艳. 基于实数编码的加速遗传算法在水闸消力池设计中的研究应用［J］. 江苏水利，2014（9）：19－21.

⑤ 袁朝阳. 基于加速遗传算法的钢与混凝土组合构件优化研究［D］. 合肥：合肥工业大学，2016.

有的适应度中选择符合条件的最优解，这样就保证了个体的多样性。四是在实际问题的优化过程中可以发现，标准遗传算法对待优化问题的搜索寻优过程具有不同程度的盲目性，会导致计算量变大，出现过早收敛等无法避免的现象。对于此种情况可通过优秀个体所囊括的空间来逐渐调整优化变量的搜索空间，即加快收敛速度，这样可极大地提高算法的寻优速度，在此基础上减少了进化时间。

4.3　遗传算法改进的投影寻踪评价模型

投影寻踪模型是处理高维、非线性问题的一种思维方式和方法，常常用于分类、回归、综合评价等问题；遗传算法是一种智能优化算法，可用于一切最优解的求解，只要涉及优化问题，即在众多结果中选择最优的结果，都可使用此方法。对于这两种方法，会有何种契机能将其进行有机的联结，产生结合两种方法优点于一体的耦合模型来完成舆情风险评价的实质性作用。

4.3.1　耦合模型的可行性

遗传算法改进投影寻踪模型最终形成耦合模型是否具有技术和操作可行性，两种方法结合能否取得预期结果是我们所关注的两个焦点。

首先，在方法技术方面。PP 评价模型的关键在于投影指标函数计算的值，说明 PP 模型评价的优劣取决于指标函数的优化程度，优化的结果直接影响研究的准确性和科学性，其优化过程计算复杂，计算量大，且投影指标函数是连续、非线性的。因此，对于非线性的连续函数寻优成为了提高投影寻踪模型性能的重大突破口。遗传算法尤其适合对连续非线性函数寻求最优值，可解决投影指标函数的最优化问题，它通过遗传算子的操作不断迭代运算，能在最短的时间找到最优解。因此，可将投影寻踪方法产生的投影特征值应用于遗传算法进行迭代优化，最终得到最佳投影向量，由此，将遗传算法与投影寻踪模型相结合，形成了遗传算法改进的投影寻踪耦合模型（AGA－PP）。

其次，两种方法结合的前车之鉴。基于文献研究发现，以往有学者将遗传算法与投影寻踪结合的先例，尤其是将其应用于评价研究，并且主要应用在地质灾害、水质污染、土壤监测等领域。例如，付强①于 2003 年第一次将投影寻踪和加

① 付强，付红，王立坤．基于加速遗传算法的投影寻踪模型在水质评价中的应用研究［J］．地理科学，2003（2）：236－239.

速遗传算法整合，采用此方法对湖水的营养状况进行了评价研究，此后，该方法开始普遍应用于地质方面的研究。黄勇辉等人①就使用此方法创建了农业综合生产力评价模型，颜丽娟②采用此方法对新农村建设进行了评价研究，郝立波等人③采用此方法对沉积物的地球化学异常进行了相关研究；谭永明等人④和王淑娟⑤则采用此模型对水质进行了评价；张学喜等人⑥把该方法应用到了岩土工程的边坡稳定性方面。可以看出，有学者们将其应用的经验，且得到了他们所料想的结果，因此，将两种方法结合是个先验可取的途径。不过，上述研究所采用的遗传算法和投影寻踪模型跟目前经过多次改进、优化的算法和模型是不可同日而语的，现在的模型的运算速率更快、性能更加稳定，最具说服力的是模型的输出结果更令人满意。

4.3.2 可能性

由于遗传算法改进的投影寻踪模型主要应用在地质环境领域，目前，该方法在舆情研究领域还属于未知数，能否将此方法有效地移植于本课题是笔者研究的关键。遗传算法改进的投影寻踪耦合模型中起主要作用的是投影寻踪，它决定着对问题进行评价、分类或预测，遗传算法的作用是对投影函数的优化。由此可见，AGA－PP 耦合模型适用于各类需要评价的对象，并且都能取得令人满意的结果。舆情的评价是评价问题的一种，原理相似，只不过对象发生了变化，因此，完全有可能使用上述模型对舆情风险进行评价。以往很少有将此方法应用在舆情评价的相关研究，可能的原因是该方法是我国学者在 21 世纪初才开始使用的评价方法。那时我国的即时通信还不太发达，网民数量有限，没有形成一定规模的网络舆情，较少采用此方法应用于网络舆情研究领域。由于近几年网络和通

---

① 黄勇辉，朱金福．基于加速遗传算法的投影寻踪聚类评价模型研究与应用［J］．系统工程，2009，27（11）：107－110.

② 颜丽娟．加速遗传算法的投影寻踪模型在新农村建设评价中的应用［J］．农业技术经济，2013（8）：90－97.

③ 郝立波，田密，赵新运，赵昕，张瑞森，谷雪．基于实码加速遗传算法的投影寻踪模型在圈定水系沉积物地球化学异常中的应用——以湖南某铅锌矿床为例［J］．物探与化探，2016，40（6）：1151－1156.

④ 谭永明，孙秀玲．基于加速遗传算法与投影寻踪的水质评价模型［J］．水电能源科学，2008，26（6）：42－44.

⑤ 王淑娟．基于投影寻踪模型和加速遗传算法的石羊河流域水资源承载力综合评价［J］．地下水，2009，31（6）：82－84.

⑥ 张学喜，王国体，张明．基于加速遗传算法的投影寻踪评价模型在边坡稳定性评价中的应用［J］．合肥工业大学学报：自然科学版，2008（3）：430－432，454.

信技术的迅速发展，人们的上网时间比重加大，各种态度、想法充斥着网络，其中难免会夹杂着不良的舆情，网络舆情风险评价的必要性初步显现，因此，可采取此方法完成舆情风险评价。

AGA－PP模型是采取加速遗传算法对投影函数进行加速寻优处理，将遗传算法和投影寻踪各自的优点结合起来，体现着投影寻踪用于分类评价和遗传算法用于最优值寻找的共同优势，解决了投影指标函数的最优化问题，两种方法组合使用，有力地提高了解决实际评价问题的能力。通过前期对各种评价模型方法的对比、分析，笔者发现，遗传算法改进的投影寻踪风险评价方法用于舆情事件风险的评价会有不错的效果。以下就是该模型的详细构建过程。

4.3.3　传统的投影寻踪模型

传统的投影寻踪模型可以解决不少领域的问题，例如，模式识别、分类识别等。图4－1就是该模型构建的流程与步骤。

图4－1　传统投影寻踪操作流程

资料来源：笔者整理。

建模之前，需要确定样本集，假设指标的样本集为 $\{x^*(i,j)\mid i=1,2,\cdots,b;j=1,2,\cdots,c\}$，其中 $x^*(i,j)$ 为第 i 个样本的第 j 个指标，$x_{ij}^0\mid i=1,2,\cdots,b;j=1,2,\cdots,c$；$b$ 为样本数，c 为指标数，则投影寻踪模型的建模过

程如下。

（1）建模步骤。步骤1：归一化处理样本集。由于本书所建指标较多，同时存在越大越优和越小越优的指标，且所获取的指标数据相差范围过大，为了方便进行数据处理，对它们进行极值归一化处理。

对于越大越优的指标采用：

$$x(i,\ j)=\frac{x^{*}(i,\ j)-x_{\min}}{x\min_{\max}} \tag{4-1}$$

对于越小越优的指标采用：

$$x(i,\ j)=\frac{x^{*}x_{\max}}{x\min_{\max}} \tag{4-2}$$

步骤2：构造投影函数。投影函数的创建是评价模型建立的关键步骤，是投影过程中所遵循的规则，由于不同的解决问题需要构建不一样的投影函数，因此，只有构建适合此类问题的投影函数才能获得准确度较高的等级划分结果。

投影寻踪模型的技术内核就是把 n 维数据集 $\{x(i,\ j)\mid j=1,\ 2,\ \cdots,\ n\}$ 调整为以 $a=\{a(1),\ a(2),\ a(3),\ \cdots,\ a(n)\}$ 为投影方向的一维投影值 $z(i)$：

$$z(i)=\sum_{i=1}^{n}a(j)x(i,j),\ i=1,2,3,\cdots,n \tag{4-3}$$

其中，a 为单位向量，根据投影点值的分布特征，把握点值与点值之间的规律，以此为依据进行自动分类。在分析投影值时，投影点最好出现若干个星云团形式，投影值的“星云团”之间间隙要尽可能地大，而“星云团”内部的投影点值距离越近越好，代表它们有极其相似的特征。出于上述原则，投影函数可表示为：

$$Q(a)=S_zD_z \tag{4-4}$$

其中，S_z 为 $z(i)$ 的标准差，D_z 为星云团内点值的密度，有：

$$S_z=\sqrt{\frac{\sum_{i=1}^{n}[z(i)-e(z)]^2}{n-1}} \tag{4-5}$$

$$D_z=\sum_{i=1}^{n}\sum_{j=1}^{n}\{R-r(i,j)\times u[R-r(i,j)]\} \tag{4-6}$$

其中，$E(z)$ 为 $\{z(i)\mid i=1,\ 2,\ \cdots,\ n\}$ 的平均值，R 为“星云团”的窗口半径，可根据多次试验的平均值来确定；$r(i,\ j)$ 为样本间距，$r(i,\ j)=|z(i)-z(j)|$；$u(t)$ 为一单位阶跃函数。

步骤3：优化投影方向。投影方向决定着投影值的取值，每个投影方向暴露出来的数据结构不一致，我们选取能最大限度地展现高维数据结构特征的投影方向，一般来说，最大的投影函数值包含在最佳投影方向中，因此，可通过获取最大投影值来反推最佳投影方向，即投影函数的最大化：

$$Q(a)Z_{Z_{\max}} \tag{4-7}$$

约束条件：

$$\text{s.t.} \sum_{j=1}^{p} a^2(j) = 1 \tag{4-8}$$

步骤4：分类。先把上步推出的最佳投影方向 a^* 代入式（4－3），求得 $z^*(t)$，然后，将投影值与分类标准投影值 $z^*(j)$ 进行对比，用相似度做比较，如果它们之间的差值越小相似度越大，则意味着样本 i 与 j 越有可能同属一类，因此，可以将突发灾害事件的网络舆情危害程度进行分类，进而进行等级划分。

（2）密度窗宽的确定。由于投影指标函数是由投影值的标准差和局部密度决定的，密度窗宽便是PP模型中唯一的参数，经过上文的分析可知分类结果是否合理，取决于密度窗宽 R 的选择，以下对 R 取值的合理性进行分析。

由上文可知，密度窗宽的取值直接影响着局部密度 D_z 的结果，因此，先从 D_z 的表达式来分析密度窗宽的取值问题。

由 $D_z = \sum_{i=1}^{n}\sum_{j=1}^{n}\{R - r(i,j) \times u[R - r(i,j)]\}$ 可知，当 $u[R-r(i,j)]=1$ 时，上式 D_z 才有可能取得最大值，这就要求有 $R > r_{\max}$ 时，才能保证 $u[R-r(i,j)] = 1$，由此可知，局部密度 D_z 的值与密度窗宽成正比；另外，$z(i) = \sum_{j=1}^{n} a(j)x(i,j)$，$i = 1, 2, 3, \cdots, n$，$\|a\| = 1$，且数据无量纲化处理后 $|x(i,j)| \leqslant 1$，于是可知 $-p \leqslant z(i) \leqslant p$，则有 $r_{\max}$，因此密度窗宽的合理取值范围为 $r_{\max}$，但是在实际的案例分析中发现 $R = r\frac{p}{2_{\max}}$ 的时候，分类结果趋于相对稳定，即为密度窗宽的最小取值，故要进一步缩小密度窗宽的取值范围，在运算中可取 $R = r\frac{p}{2_{\max}}$。

4.3.4　基于实数编码的加速遗传算法（AGA）

加速遗传算法的构建过程，包括对参数集进行编码，其后完成个体适应度的计算，再之后运行遗传算子（选择、交叉、变异）操作。如果不满足终止条件则可将前两代进化产生的优秀变化区间再次作为初始区间，进行适应度计算及遗传算子的操作，如此加速迭代，直至满足终止条件。算法的流程见图4－2。

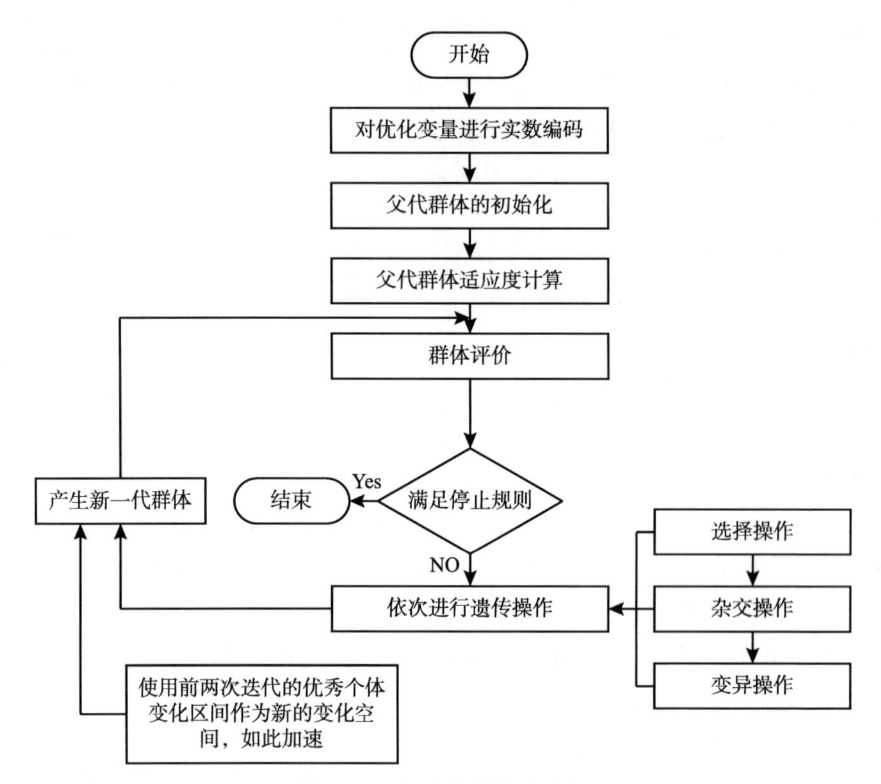

图4-2 加速遗传算法流程

资料来源：笔者整理。

取得待优化的投影函数，求解其最小化的问题，对AGA建模的步骤如下：

$$\min f(x)$$
$$\text{s.t. } a(j) \leqslant x(j) \leqslant b(j) \tag{4-9}$$

步骤1：对优化变量进行实数编码。采用以下线性变换：

$$x(j) = a(j) + y(j)[b(j) - a(j)],\ j = 1,\ 2,\ \cdots,\ p \tag{4-10}$$

其中，f 为目标函数，p 为优化变量个数，$[a(j),\ b(j)]$ 表示初始变化区间，$x(j)$ 表示第 j 个待优化变量，每个优化变量对应一个实数，这个实数就是AGA中的遗传基因，用 $y(j)$ 表示。由优化变量对应的基因串联在一起组成解的编码方式 $y(1),\ y(2),\ \cdots,\ y(p)$ 称为染色体。其中，优化变量的取值将在 $[0,\ 1]$ 区间的实数中选择。

步骤2：初始化种群。设父代群体中有 n 个个体，将其进行整理，生成每组有 p 个随机数的 n 组随机数组，即 $\{u(j,\ i) \mid (j = 1,\ 2,\ \cdots,\ p;\ i = 1,\ 2,\ \cdots,\ n)\}$，把抽取的随机数作为初始父代值 $y(j,\ i)$，将其进行优化，由此可得目标函数值$f(i)$，每个函数值对应一个个体，把目标函数值从小到大进行排序，对应的个体 $\{y(j, i)\}$ 也跟着排序，目标函数值与个体存在这样的关系，函数值越小个体适应能力越强，根据以往的经验，选择排序后靠前的若干个个体为优秀个体，最好使这些靠前的个体函数值与其后的函数值在数值上能拉开较大的距离，并选择其进入下一代。

步骤3：父代群体的适应度计算。要计算适应度，就需要一个评价函数对其评估，具体做法是：对父代群体中的每个个体赋予一个概率，使得个体被选择的概率与个体适应度呈现一定的规律，评价函数对个体适应度顺序进行分配，而不根据实际值。染色体适应度越高，被选择的概率越大。设 $a \in (0, 1)$，则基于序的评价函数为：

$$eval[y(j, i)] = a(1-a)^{i-1}, \quad i=1, 2, \cdots, N \tag{4-11}$$

其中，i 的取值越小，说明染色体越好。

步骤4：选择操作。此过程以赌轮 N 次为选择机理，每次旋转都会产生一个染色体，其选择染色体的是根据适应度进行的，经过此操作将诞生子一代群体 $\{y_1(j, i)\}$。具体选择过程可表示如下：

每个染色体 $y(j, i)$ 的累积概率 $q_i(i=0, 1, 2, \cdots, n)$ 为：

$$\begin{cases} q_0 = 0 \\ q_i = \sum_{j=1}^{i} eval[y(j, i)]; j = 1, 2, \cdots, p; i = 1, 2, \cdots, N \end{cases} \tag{4-12}$$

在累积概率区间 $[0, q_i]$ 中，选择随机数 r；可根据 r 的概率值来选择染色体，本书选择 $y(j, i)$；然后 N 次重复步骤2、步骤3，即可得到由 N 个染色体组成的新一代个体。

步骤5：杂交操作。首先取参数 p_c 作为父代群体杂交操作的交叉概率，表明种群中有 p_cN 个染色体可能进行交叉操作，此过程为遗传算法的主要进化方式，杂交操作首先要确定父代个体，i 为 N 个染色体的任意一个，在 $[0, 1]$ 中产生随机数 r，如果 r 值小于交叉概率，则选择 $y(j, i)$ 作为一个父代，以此类推，最后用 $y_1'(j, i)$，$y_2'(j, i)$，$\cdots$，$y_k'(j, i)$ 表示父代的个体染色体，并把它们进行两两配对，如下：

$$y_1'(j, i), y_2'(j, i), y_3'(j, i), y_4'(j, i), y_5'(j, i), y_6'(j, i)$$

为了保证染色体两两配对，当父代个体为奇数时，可以增加或除掉一个染色体让其个数为偶数。以下说明算术交叉的操作过程，类似于生物中的同源染色体联会现象，即首先从 $(0, 1)$ 中产生一个参数 c，其既可以是常数又可以是变量，然后，产生两个后代 X 和 Y 如下：

$$X = c \times y_1'(j,\ i) + (1-c) \times y_2'(j,\ i),\ Y = (1-c) \times y_1'(j,\ i) + c \times y_2'(j,\ i) \tag{4-13}$$

经过以上方式，大量杂交操作得到第二代群体。

步骤6：变异操作。本书采用两点变异，这对群体多样性更有帮助。取 p_m 作为遗传操作中的变异概率，表明种群中有 $p_c N$ 个染色体可能进行变异操作，待变异的父代选择与交叉过程类似，用 $y_3'(j,\ i)$ 表示父代，在 R^n 中随机选择变异方向 d，按以下方式进行变异。

$$y_3'(j,\ i) + Md,\ i = 1,\ 2,\ \cdots,\ p \tag{4-14}$$

若式（4－14）不可行，为了能够保证群体的多样性，M 取（0，M）上的随机数，直到式（4－14）可行为止，由此来决定变异群体。无论 M 取何值，总能用 $M = y_3'(j,\ i) + Md$ 替代 $y_3'(j,\ i)$，实验证明，在算法进行的后期，劣势个体的基因突变可有效地提高全局优化能力，最后，经过变异操作得到新一代种群 $\{y_3'(j,\ i) \mid j = 1,\ 2,\ \cdots,\ p;\ i = 1,\ 2,\ \cdots,\ n\}$。

步骤7：迭代演化。根据上文经过选择、交叉、变异得到的 $3n$ 个子代个体，按其适应度值的大小，将适应度值排名靠前的（$n-k$）个子代个体重新选择为下一轮父代种群。此后算法再次进入步骤3，如此反复进行，这样将使得群体平均适应度提高，直至达到预设的进化迭代次数，此时适应度最高的个体对应的解就是算法加速操作之前的最优解。

步骤8：对算法过程进行加速。具体做法为：用前几步所产生的包含高适应度的取值范围作为下次进化时的新空间，这样将有效地避免算法在无效区间的时间消耗，如果不挑选优秀变化区间的选择，则会导致运算的次数增多，这将减弱算法的寻优能力。确定区间后，算法即刻转入步骤1，重新开始算法，如此进行反复运算，最后选择的个体就是当前群体中最优秀个体，即 AGA 的最终寻优结果。

4.3.5 加速遗传算法改进的投影寻踪评价模型

此模型就是采用加速遗传算法，对投影寻踪产生的投影函数值进行优化，将投影寻踪步骤与加速遗传算法相互嵌套，这样就把它们每个的优势体现出来，构成一个全新的评价模型。AGA－PP 模型的构建流程及评价步骤见图 4－3。

步骤1：确定样本与评估指标体系。根据上文提出的舆情风险评估指标体系，选定涵盖各种突发自然灾害的舆情事件，故样本的选取要有较强的代表性，样本量不能过多也不能太少，本书样本的选取采用典型的突发自然灾害事件，例如地震、台风、强降雨等。

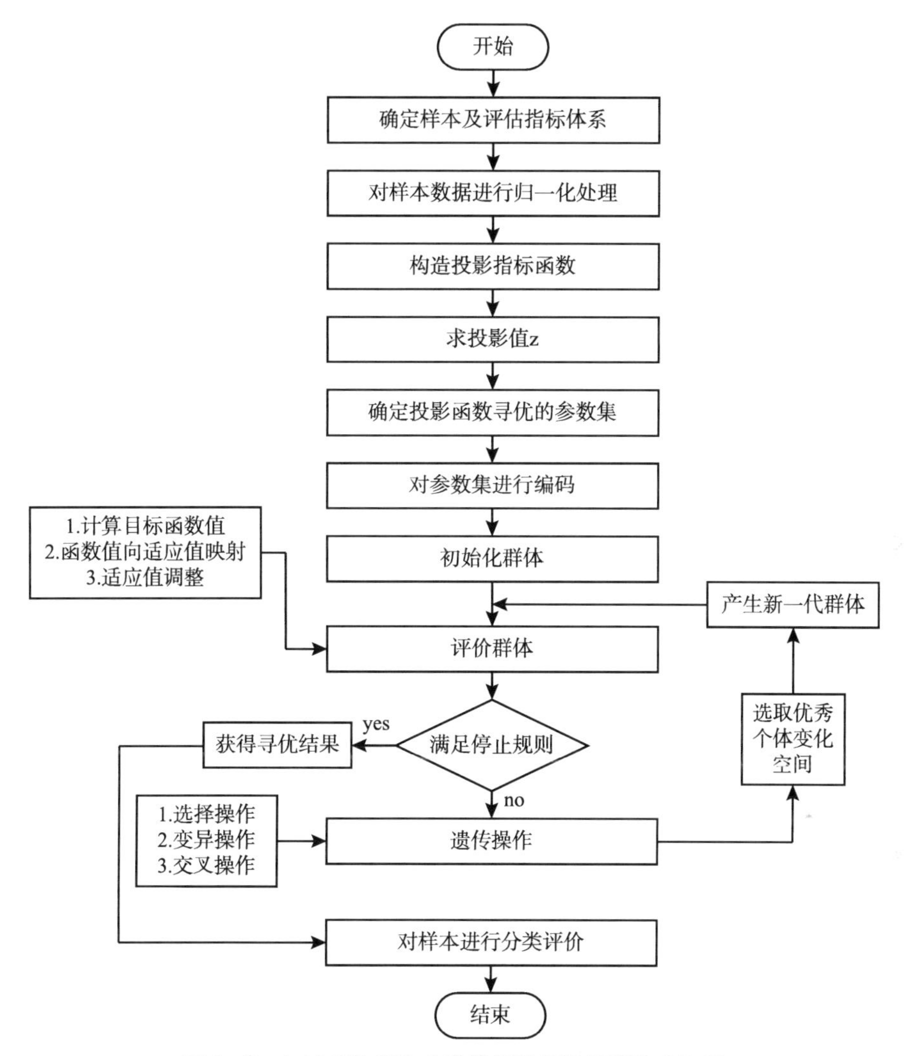

图 4－3　加速遗传算法改进的投影寻踪模型构建流程

资料来源：笔者整理。

步骤 2：对样本指标集进行归一化处理。由于本书所获取的数据相差范围过大，为了方便进行数据处理，避免极端值对结果的影响，对它们进行极值归一化。

对于越大越优的指标采用式（4－15）进行处理；

$$x(i,\ j)=\frac{x^{*}(i,\ j)-x_{\min}}{x\min_{\max}} \tag{4－15}$$

对于越小越优的指标采用式（4－16）进行处理。

$$x(i, j) = \frac{x_{\max}^{*}}{x\min_{\max}} \tag{4-16}$$

其中，$x\min_{\max}$分别为第 j 个指标值的最大值和最小值，$x(i, j)$ 为归一化后数值在 0 ~ 1 的矩阵。

步骤 3：确定投影指标函数。该函数是高维数据向一维空间投影所普遍遵循的规则，是寻找最优投影方向的依据，因此，构造合适的指标函数是得到合理分类的前提。

投影寻踪模型的技术内核就是把 n 维数据集 $\{x(i, j) \mid j = 1, 2, \cdots, n\}$ 调整为以 $a = \{a(1), a(2), a(3), \cdots, a(n)\}$ 为投影方向的投影值 $z(i)$。

$$z(i) = \sum_{i=1}^{n} a(j)x(i, j), \ i = 1, 2, 3, \cdots, n \tag{4-17}$$

与上文提到的一样，在分析投影值时，投影点最好出现若干个“星云团”形式，投影值的“星云团”之间间隙要尽可能大，而“星云团”内部的投影点值距离越近越好，代表它们有极其相似的特征。出于上述原则，投影函数可表示为：

$$Q(a) = S_z D_z \tag{4-18}$$

$$S_z = \sqrt{\frac{\sum_{i=1}^{n} (z(i) - e(z))^2}{n - 1}} \tag{4-19}$$

$$D_z = \sum_{i=1}^{n} \sum_{j=1}^{n} \{R - r(i, j) \times u[R - r(i, j)]\} \tag{4-20}$$

其中，R 的取值依然根据多次试验确定。

步骤 4：优化投影函数的投影方向。一般来说，最大的投影函数值包含于最佳投影方向中，因此，可通过获取最大投影值来反推最佳投影方向，即最大化投影函数：

$$Q(a) Z_{Z_{\max}} \tag{4-21}$$

约束条件：

$$\text{s. t.} \sum_{j=1}^{p} a^2(j) = 1 \tag{4-22}$$

很显然，上述函数的求解是一个复杂非线性优化问题，本书采用模拟生物自然选择和遗传机制的基于实数编码的加速遗传算法（AGA）来解决其全局寻优。接下来选取得待优化的投影函数，以求解其最小化的问题为例，

$$\begin{gathered} \text{Min} f(x) \\ \text{s. t.}\ a(j) \leqslant x(j) \leqslant b(j) \end{gathered} \tag{4-23}$$

步骤5：对优化变量进行实数编码。采用以下线性变换。

$$x(j) = a(j) + y(j)(b(j) - a(j)),\ j = 1,\ 2,\ \cdots,\ p \tag{4-24}$$

其中，f为目标函数，p为优化变量个数，$[a(j),\ b(j)]$表示初始变化区间，$x(j)$表示第j个待优化变量，每个优化变量对应一个实数，这个实数就是AGA中的遗传基因，用$y(j)$表示。由优化变量对应的基因串联在一起组成解的编码方式$y(1)$，$y(2)$，…，$y(p)$称为染色体。其中，优化变量的取值将在$[0,\ 1]$区间的实数中选择。

步骤6：初始化种群。设父代群体中有n个个体，将其进行整理，生成每组p有个随机数的组随机数组，即$\{u(j,\ i) \mid (j = 1,\ 2,\ \cdots,\ p;\ i = 1,\ 2,\ \cdots,\ n)\}$，把抽取的随机数作为父代个体$y(j,\ i)$，经优化处理得到目标函数值$f(i)$，每个函数值对应一个个体，把目标函数值从小到大进行排序，对应的个体$\{y(j,\ i)\}$也跟着排序，目标函数值与个体存在这样的关系，函数值越小个体适应能力越强，根据以往经验，选择排序后靠前的若干个体为优秀个体，最好使这些靠前的个体函数值与其后的函数值在数值上能拉开较大的距离，并选择其进入下一代。

步骤7：父代群体的适应度计算。要计算适应度，就需要一个评价函数对其评估，具体做法是：对父代群体中的每个个体赋予一个概率，使得个体被选择的概率与个体适应度呈现一定的规律，评价函数对个体适应度顺序进行分配，而不根据实际值。染色体适应度越高，被选择的概率越大。设$a \in (0,\ 1)$，则基于序的评价函数为：

$$eval[y(j,\ i)] = a(1-a)^{i-1},\ i = 1,\ 2,\ \cdots,\ N \tag{4-25}$$

其中，i的取值越小，说明染色体越好。

步骤8：选择操作。此过程以赌轮N次为选择机理，每次旋转都会产生一个染色体，其选择染色体的是根据适应度进行的，具体选择过程可表示如下。

每个染色体$y(j,\ i)$的累积概率$q_i(i = 0,\ 1,\ 2,\ \cdots,\ n)$为：

$$\begin{cases} q_0 = 0 \\ q_i = \sum\limits_{j=1}^{i} eval[y(j,\ i)];\ j = 1,\ 2,\ \cdots,\ p;\ i = 1,\ 2,\ \cdots,\ N \end{cases} \tag{4-26}$$

在累积概率区间$[0,\ q_i]$中选择随机数r；可根据r的概率值来选择染色体，本书选择$y(j,\ i)$；然后N次重复步骤2、步骤3，即可得到由N个染色体组成的新一代个体。

步骤9：杂交操作。首先取参数p_c作为父代群体杂交操作的交叉概率，表明种群中有p_cN个染色体可能进行交叉操作，此过程为遗传算法的主要进化方式，杂交操作首先要确定父代个体，i 为 N 个染色体的任意一个，在［0，1］中产生随机数 r，如果 r 值小于交叉概率，则选择 $y(j,\ i)$ 作为一个父代，以此类推，最后用 $y'_1(j,\ i)$，$y'_2(j,\ i)$，…，$y'_k(j,\ i)$ 表示父代的个体染色体，并把它们进行两两配对，如下：

$$y'_1(j,\ i),\ y'_2(j,\ i),\ y'_3(j,\ i),\ y'_4(j,\ i),\ y'_5(j,\ i),\ y'_6(j,\ i)$$

为了保证染色体两两配对，当父代个体为奇数时，可以增加或除掉一个染色体让其个数为偶数。以下说明算术交叉的操作过程，类似于生物中的同源染色体联会现象，即首先从（0，1）中产生一个参数 c，其既可以是常数又可以是变量，然后，产生两个后代 X 和 Y 如下：

$$X = c \times y'_1(j,\ i) + (1-c) \times y'_2(j,\ i),\ Y = (1-c) \times y'_1(j,\ i) + c \times y'_2(j,\ i) \tag{4-27}$$

经过以上方式，大量杂交操作得到第二代群体。

步骤 10：变异操作。本书采用两点变异，这对群体多样性更有帮助。取 p_m 作为遗传操作中的变异概率，表明种群中有 p_cN 个染色体可能进行变异操作，待变异的父代选择与交叉过程类似，用 $y'_3(j,\ i)$ 表示父代，在 R^n 中随机选择变异方向 d，按以下方式进行变异。

$$y'_3(j,\ i) + Md,\ i = 1,\ 2,\ \cdots,\ p \tag{4-28}$$

若式（4-28）不可行，为了能够保证群体的多样性，M 取（0，M）上的随机数，直到式（4-28）可行为止，由此来决定变异群体。无论 M 取何值，总能用 $M = y'_3(j,\ i) + Md$ 替代 $y'_3(j,\ i)$，实验证明，在算法进行的后期，劣势个体的基因突变可有效地提高全局优化能力，最后，经过变异操作得到新一代种群 $\{y'_3(j,\ i) \mid j = 1,\ 2,\ \cdots,\ p;\ i = 1,\ 2,\ \cdots,\ n\}$。

步骤 11：迭代演化。根据上文经过选择、交叉、变异得到的 $3n$ 个子代个体，按其适应度值的大小，将适应度值排名靠前的（$n-k$）个子代个体重新选择为下一轮父代种群。在这一轮的基础上重复下一轮的演化进程，这样将使群体平均适应度提高，直至达到预设的进化迭代次数，此时，适应度最高的个体对应的解就是算法加速操作之前的最优解。

步骤 12：对算法过程进行加速。具体做法为：用前几步所产生的包含高适应度的取值范围作为下次进化时的新空间，这样将有效地避免算法在无效区间的时间消耗，如果不挑选优秀变化区间的选择，则会导致运算的次数增多，这将减弱算法的寻优能力。确定区间后，重新开始算子操作，如此反复进行，直至筛选出运算结果。

4.4 本章小结

本章主要有四个方面的内容，分别为PP模型的适用性分析、遗传算法的再确定、AGA－PP耦合模型的确立以及它们构建流程。首先，梳理了可用作评价的模型和方法，通过比较引入了投影寻踪模型，从投影寻踪的自身特点开始，分析此方法的应用范围，讨论投影寻踪对于舆情风险评价的适用度，通过对若干风险评价模型的整理和对比，分析它们的优缺点，并与投影寻踪方法做比较，得出了投影寻踪对于本研究的解决有极大优势。其次，阐明了遗传算法对于本课题的适用性，分别从编码表示方式、适应度函数的选取、遗传算子的确定和参数选择等几个方面确定了本书要选取的遗传算法，即编码方式采用实数编码，适应度采用基于序的评价函数，选择操作采用轮盘赌，交叉操作采用单点交叉且概率值取0.8，变异概率取0.05，再对遗传算法采用加速迭代的方式。再次，本书将加速遗传算法与投影寻踪相结合，形成了加速遗传算法的投影寻踪（AGA－PP）风险评价模型，并分析了将遗传算法应用于投影寻踪的操作和技术实现的可行性，以及将此耦合模型用于本课题研究的可能性。最后，确立和构建了AGA－PP模型，并对其构建步骤做了详细的说明。

对于为什么要采取基于遗传算法的投影寻踪模型？本书给出了对舆情风险评估采取AGA－PP评价模型的必要性。即投影寻踪法适用于本书所研究的多维、非线性问题，它采用投影迭代的方式对高维数据进行分析，直至测量数据与模型值之间没有显著差别为止，而此时的进化迭代正是遗传算法所擅长的，解决了投影寻踪中投影方向的优化问题。这样投影寻踪与加速遗传算法“强强联合”形成的AGA－PP耦合模型为网络舆情风险评价提供了坚实框架。

第5章 实证研究

5.1 舆情风险的等级划分

5.1.1 等级评价的选定——基于四分法的等级评价

本书结合李明（2019）的研究，将网络舆情风险界定为：网民对发生的现实事件，通过微博、即时通信等网络平台就某个事件发表出含有虚假、过激、负面等内容的信息，从而对健康的网络生态环境造成威胁，对政府、网民个人、社会其他组织产生的负面影响。舆情风险产生的原因是部分网民维护自身不合法利益。目前，国内对网络舆情的风险等级划分还没有统一的标准。相关的研究比较少，近五年才出现相关的研究文献。应该把舆情风险划分为多少级是风险评估的关键方式，[①] 在此问题上有很多文献值得我们借鉴。赵领娣[②]把风暴潮灾害的风险划分为微灾、小灾、中灾、重灾、巨灾五个等级，石先武[③]则把风暴潮灾害划分为轻风暴潮、小风暴潮、一般风暴潮、较大风暴潮、大风暴潮、特大风暴潮、罕见特大风暴潮七个等级，董振宁[④]把订单融资业务的风险划分为五个等级，姜菲菲[⑤]把土壤重金属的污染风险划分为低度、中度、重度和严重四个等级，毛

---

① 李昌祖，左蒙．舆情的分级与分类研究［J］．中共杭州市委党校学报，2015，3（47）：47－53.

② 赵领娣，边春鹏．风暴潮灾害综合损失等级划分标准的研究［J］．中国渔业经济，2012，30（3）：42－49.

③ 石先武，刘钦政，王宇星．风暴潮灾害等级划分标准及适用性分析［J］．自然灾害学报，2015，24（3）：161－168.

④ 董振宁，刘文娟，王卓，何斌．订单融资业务风险等级评价研究［J］．运筹与管理，2017，26（2）：140－145.

⑤ 姜菲菲，孙丹峰，李红，周连第．北京市农业土壤重金属污染环境风险等级评价［J］．农业工程学报，2011，27（8）：330－337.

正君[①]把隧道涌水风险划分为低、小、中、高四个等级，国内的研究者如张浩[②]根据舆情的影响力把舆情基于色彩划分为六个等级。本书通过对各种等级评价方法的对比和创新，确定了基于“四分法”的把舆情的风险划分为四个等级的方法。

“四分法”的思想起源于我国古代的唯物哲学思想，《易经》更是其思想的始祖，“太极”生“两仪”，“两仪”生“四象”，事物分为“阴”“阳”两面，而“阴”和“阳”中又有阴阳，这样按照事物的发展规律和运动方式的“一分为四”的法则，在众多学科和管理决策当中得到了普遍的应用，众多学者应用此法则对相关问题进行了大量研究。

本书基于四分法把风险划分为四个等级有以下三个优点。

（1）简明扼要，层次鲜明。将风险划分为四个等级弥补了三分法及其以下的分级层数过低、达不到分级目的的缺陷，也克服了分级层数过多造成的层次感不强、分级冗余，所以，四级划分既可以对舆情事件达到分级的目的，也不会产生层级过多导致的分级认知模糊。使舆情监管部门和广大网民一目了然。

（2）操作性强，可行性高。四分法是最常见的等级分类模式，与人们认知常识相适应，也便于人们识记和应用。借鉴我国关于风险程度划分的结果，综合来看，四等级划分具有可行性高、操作性强的特点。

（3）与中国传统哲学有较完美的结合。中国传统哲学中的“四分法”思想起源于《易经》，它将事物分为四种状态，即“太阴、少阴、少阳、太阳”，这是我国古代人民智慧的结晶，是东方分类法的理论依据之一。有众多学者将其思想应用至各个方面，例如周建波（2008）基于中国古代哲学的四分法进行的中国管理学演化研究，[③] 刘海燕（2003）根据四分法的思想将其应用到心理学领域；[④] 此外，“四分法”思想普遍存在于人们的其他生活方面，例如人和其他事物的生命周期阶段划分、“优、良、中、差”和“甲、乙、丙、丁”的判定等方面，说明四级划分更符合中国的传统习惯，并且人们的生活方式、思维理念均受到它的影响。

5.1.2 舆情风险的四级颜色划分

根据网络舆情的性质及以往的学者们对风险等级评价的研究，通过参考以上

---

① 毛正君，杨绍战，朱艳艳，李广平，来弘鹏，李法坤．基于 F－AHP 法的隧道突涌水风险等级评价［J］．铁道科学与工程学报，2017，14（6）：1332－1339.

② 张浩．互联网舆情等级划分机制研究［J］．通讯世界，2015（15）：229－230.

③ 周建波．中国管理学建构与演化——基于哲学四分法与管理文化结构的推演［J］．管理学报，2008（6）：781－791.

④ 刘海燕，邓淑红，郭德俊．成就目标的一种新分类——四分法［J］．心理科学进展，2003（3）：310－313.

提到的舆情评估指标体系，再结合有无违背社会公德和公民道德、有无违反法律法规、有无对人民生命财产造成伤害、有无破坏安定团结和激发民族矛盾、有无破坏国家安全，可将自然灾害事件的网络舆情按其风险程度划分为4个等级。

第一级，绿色舆情为敏感舆情。

第二级，蓝色舆情为轻度危险舆情。

第三级，黄色舆情为中度危险舆情。

第四级，红色舆情为重度危险舆情。

从第一级的绿色舆情到第四级的红色舆情，它们的舆情影响力和信息量依次增多，相应的负面信息依次递增，危险程度依次增大。各等级色彩详细分析如下。

第一级，绿色舆情为敏感舆情级别，处于基本常态下，是网络上一定范围内网民的热烈讨论上升到舆情的第一档，表示相关舆情信息量和负面网络舆情处在敏感舆情的范围之内。在此级别下舆情监管部门应该保持对网络的监控，不需要进行干预。

第二级，蓝色舆情为轻度危险舆情级别，表示相关舆情信息量处于第二级舆情信息标准值之间或有较小范围的负面舆情产生，相应的自然灾害在网络上引发大量的关注，舆情监管部门在监控的同时，可进行干预和引导，主要以引导为主，干预为辅。

第三级，黄色舆情为中度危险预警级别，这一级别从“敏感”上升为“危险”，表示舆情的传播范围较大，相应的自然灾害在网络上引发大量热烈的讨论，相关舆情信息量处于三级舆情信息标准值之间，或有一定范围内的负面网络舆情产生，舆情监管部门需要进行一定行政级别的干预。

第四级，红色舆情为重度危险预警级别，相关舆情信息量处于四级舆情信息标准值之间，或表示有很大的负面网络舆情产生，对网络秩序、社会稳定和网络文明造成挑战，相应的自然灾害在网络上引发大量热烈的讨论，大量主流媒体争相报道，需要舆情监管部门大量地介入干预，全面地进行网络舆情的管控，保证社会环境稳定。上述风险颜色等级划分见表5-1。

表5-1 风险颜色等级划分

序号	级别	影响（破坏）程度	政府介入程度	颜色预警
1	Ⅰ	敏感舆情	不介入	绿色
2	Ⅱ	轻度危险舆情	轻度	蓝色

续表

序号	级别	影响（破坏）程度	政府介入程度	颜色预警
3	Ⅲ	中度危险舆情	中度	黄色
4	Ⅳ	重度危险舆情	高度	红色

资料来源：笔者整理。

将颜色预警与风险等级划分相结合，不同的舆情风险等级对应着不同的预警方案，而颜色预警更能直观地显示不同的预警方案，颜色预警有利于政府及舆情监管部门区分和应对不同强度的突发舆情事件，以便采取相应的行政命令，有利于民众对舆情事件的认识，防止被虚假谣言蒙蔽。

有时灾害本身会再次发生变质和演化，自然灾害网络舆情的关注度会在短时间内飙升，甚至会从第一级快速转入第四级，此时，舆情风险会大大地增加，而广大网民对于舆情态势演化过程并不知情，如果有某种方式可以及时地起到警醒作用，则可避免一定程度的舆情风险，颜色预警起到了很好的前期应急预案的作用。

5.2　舆情风险评价等级标准的确立

构建舆情风险评价指标体系是进行风险评价的前提与基础。评价指标体系构建的标准，直接关系评价结果的客观性和准确性。

5.2.1　建立等级标准的必要性

未雨绸缪，才能有备无患。网民若想在自然灾害发生时，能够第一时间了解灾难的危害等级；政府若想在危机发生时，及时地掌握事态的严峻性，就需要建立合理、有效的网络舆情等级划分标准。在自然灾害舆情事件中，舆情危害的风险程度不同，需要调动的资源和力量各异。舆情风险具有多维、非线性的特点，因此，其等级标准受多个维度的因子影响，而目前每个维度因子的标准值没有统一的标准作为参考，因而，等级标准的建立对于舆情评价体系显得尤为重要，是合理地进行舆情风险评价的有力保障，也是衡量评价结果的重要筹码。

此外，等级标准的建立是网络舆情危机预警的必要步骤。当舆情发生时，可根据舆情与舆情等级标准的对比来制定相对应的舆情预警预案。

5.2.2 建立等级标准的过程

根据上文建立的AGA－PP评价模型的理论与步骤，采用对比法，对各种不同的突发自然灾害事件导致的舆情进行取样分析，计算各类舆情的指标投影值，通过其大小确定样本的风险等级所属，经过事前对所选案例数据的仿真演练，各个评价指标的分级标准见表5－2。

表5－2 自然灾害舆情风险评价等级标准

指标	Ⅰ级	Ⅱ级	Ⅲ级	Ⅳ级
致灾因子强度	≥1	≥1	≥2	≥3
影响范围	≥1	≥1	≥5	≥5
财产损失	≥1	5～20	21～40	≥41
人员伤亡	≥1	50～200	100～400	≥400
受灾地区人口密度	≥5	10～20	20～40	≥40
信息发布者权威度	≥0.25	0.5～1	1～1.5	≥1.5
含图片信息数量	≥0.25	≥0.25	>0.5	>0.5
虚假信息数量与内容相关信息总量之比	≥0.02	0.05～0.1	0.1～0.15	≥0.15
总流量	≥200	500～2000	2000～4000	≥4000
媒体总量	≥10	40～80	80～120	≥120
单位时间内容相关信息与总量比变化程度	≥0.4	0.6～0.7	0.7～0.8	≥0.8
原创微博数变化率	≥20	50～150	150～250	≥250
持续时间	≥2	6～10	10～14	≥14
评论量	≥10000	200000～1000000	1000000～3000000	≥3000000
正面情绪	≥0.2	0.3～0.4	0.4～0.55	≥0.55
1～3年	≥0.15	0.2～0.35	0.35～0.45	≥0.45
东部沿海地区	≥0.1	0.2～0.4	0.3～0.6	≥0.6

资料来源：笔者整理。

为了验证等级标准的合理性，使其能够充分地解释本研究，首先，将上述四级标准值建立一个矩阵A_1，则有：

$$A_1=\begin{bmatrix}1 & 1 & 2 & 3\\ 1 & 1 & 5 & 5\\ 1 & 5 & 20 & 41\\ 1 & 50 & 200 & 400\\ 5 & 10 & 20 & 40\\ 0.25 & 0.5 & 1 & 1.5\\ 0.25 & 0.25 & 0.5 & 0.5\\ 0.02 & 0.05 & 0.1 & 0.15\\ 200 & 500 & 2000 & 4000\\ 10 & 40 & 80 & 120\\ 0.4 & 0.6 & 0.7 & 0.8\\ 20 & 50 & 150 & 250\\ 2 & 6 & 10 & 14\\ 10000 & 200000 & 1000000 & 3000000\\ 0.2 & 0.3 & 0.4 & 0.55\\ 0.15 & 0.2 & 0.35 & 0.45\\ 0.1 & 0.2 & 0.4 & 0.6\end{bmatrix}$$

将其归一化处理得到 X_1，则：

$$X_1=\begin{bmatrix}0 & 0 & 0.5 & 1\\ 0 & 0 & 1 & 1\\ 0 & 0.1 & 0.4750 & 1\\ 0 & 0.1228 & 0.4987 & 1\\ 0 & 0.1429 & 0.4286 & 1\\ 0 & 0.2 & 0.6 & 1\\ 0 & 0 & 1 & 1\\ 0 & 0.2308 & 0.6154 & 1\\ 0 & 0.0789 & 0.4737 & 1\\ 0 & 0.2727 & 0.6364 & 1\\ 0 & 0.5 & 0.7500 & 1\\ 0 & 0.1304 & 0.5652 & 1\\ 0 & 0.3333 & 0.6667 & 1\\ 0 & 0.0635 & 0.0301 & 1\\ 0 & 0.2857 & 0.5714 & 1\\ 0 & 0.1667 & 0.6667 & 1\\ 0 & 0.2 & 0.6 & 1\end{bmatrix}$$

最后，采用 MATLAB2016a 仿真工具，对舆情风险等级标准进行投影操作，取得Ⅰ～Ⅳ级的投影指标值依次为0，0.6533，2.4671，4.1111。由此，本书建立的舆情风险等级 AGA－PP 模型拟合函数见图5－1。

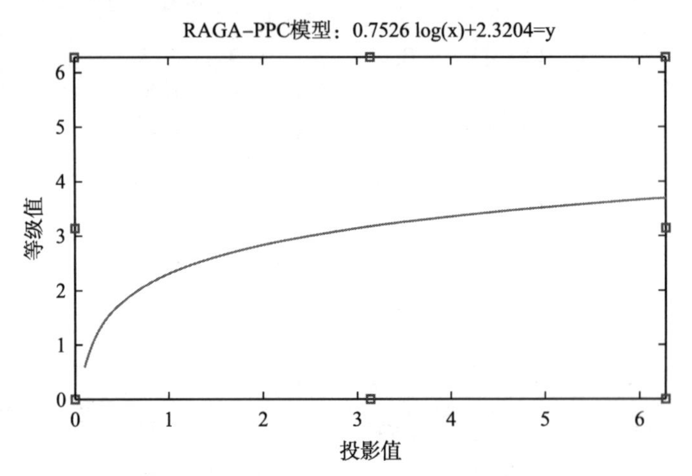

图5－1　各等级的舆情风险投影值与等级关系

资料来源：笔者整理。

结合本书预先演练的等级标准，将标准值代入模型得到舆情风险等级序号和投影指标值之间的关系，见图5－2。

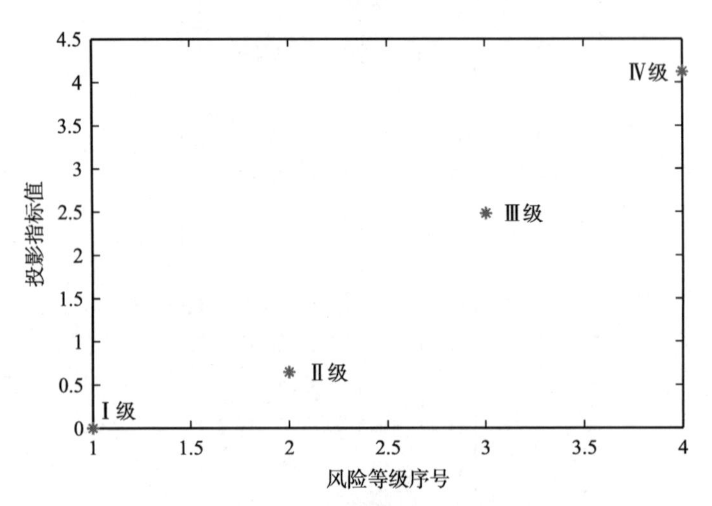

图5－2　风险等级标准样本投影值散布

资料来源：笔者整理。

根据图5-2可直观地看到，风险等级随着投影值的增加而上升，两者呈正相关关系，并且每个等级值连成的直线斜率稳定，这充分表明了本书对舆情风险等级划分和评价指标取值范围具有合理性。

5.3 案例选择

要对舆情风险进行合理的评价，就需要选取最具代表性的自然灾害，包括地震、滑坡、洪水、台风、强降雨等，并且要求选取的自然灾害网络舆情案例能够在网络上引发广大网民热情关切和政府应急救援。笔者选取了三个自然灾害舆情事件作为本书的研究案例。

5.3.1 台风“天鸽”

13号台风“天鸽”为2017年太平洋台风季第13个被命名的风暴。2017年8月20日14时，“天鸽”在西北太平洋洋面上生成。之后强度不断加强，8月22日15时加强为台风，8月23日7时加强为强台风，一天连跳两级，最强风力达到了15级，此次台风风暴导致沿途多地发布紧急灾难预警，给我国珠海、香港等地区带来了重大破坏，结果，灾害造成了24人死亡和68.2亿美元损失的惨烈后果；其中，中国31个省（区、市）的损失达43.8亿美元，中国香港损失为10.2亿美元，中国澳门损失为14.2亿美元，对我国华南地区也造成了重创。①

面对台风肆虐，我国政府部门采取了紧急措施，在台风“天鸽”影响期间，风暴潮最高预警级别为橙色，近海海浪最高预警级别为橙色，广东沿岸海域海浪预警级别为红色。22日16时，国家防汛抗旱总指挥部将防汛防台风Ⅳ级应急响应提升至Ⅲ级，与此同时，国家海洋局立即启动了海洋灾害Ⅰ级应急响应。

台风登陆时，中央电视台综合频道及新闻频道进行了实时跟踪报道，各大新闻媒体平台进行了相关报道，微博和微信等社交平台汇集了大量的网民对其进行关注与讨论，出现了较多例网络谣言，例如，有网民发布了一段视频显示某高速收费站被台风刮倒，随后《广州日报》进行了辟谣；网民对台风导致的人员伤亡和建筑设施损失进行了广泛的讨论，“台风致使塔吊旋转”“大货车被掀翻”“交警台风中执勤”“大树砸向轿车致人死亡”等舆情话题是人们关注的焦点，此

---

① 百度百科：台风“天鸽”，http：//baike.baidu.com/item/台风“天鸽”/5549631？fr=aladdin，2017-8-25.

后，人们不断地转载救援视频和新闻以对救援过程进行持续的关注。

5.3.2 九寨沟地震

北京时间2017年8月8日21时，位于四川省阿坝州的九寨沟县发生了7.0级地震。据地震台官方发布，震中位于距九寨沟景区5公里的比芒村，根据官方发布的人口大数据分析，震中50公里范围内约有6.3万人口，100公里范围内约有30万人口，受灾面积较大，人口较多。截至17日14时，共记录地震总数为4799个（余震总数为4798个），最大余震为4.8级，等震线长轴总体呈北至西走向，地震共造成四川省和甘肃省总共8个县受灾，最终，地震共造成25人死亡，6人失联，525人受伤。[①]

地震发生后，有关部门立即启动《地质灾害应急预案》，并采取相应的部署。四川省人民政府新闻办公室立即成立应急中心，8月9日凌晨，国家减灾委员会、民政部紧急启动“国家Ⅲ级救灾应急响应”，并组建工作组紧急赶赴灾区指导救灾工作。兰州、成都、重庆、绵阳、西安等地震感强烈，九寨沟景区里面有房屋倒塌和开裂，景区受损严重。万达集团、波司登公司、上海大众公司、蚂蚁金服公司等企业对灾区进行了援助，浙江省、山东省等政府部门也对灾区进行了捐助。

同年11月，四川省政府印发的《四川省人民政府关于支持“8·8”九寨沟地震灾后恢复重建政策措施的意见》，明确了包含财政、税收、金融、土地、就业和社会保障、地质灾害防治、生态恢复保护、景区恢复和产业发展、城乡住房重建、基础设施等10大类36条具体灾后重建政策。地震发生不久，地震相关信息就在微博中迅速传播，微信朋友圈被九寨沟地震刷屏，写作机器人只用25秒就写出一篇新闻稿，这加快了地震信息在网络上的传播。灾害发生后，网络上充斥着对灾害救援的关切和对九寨沟景点破坏的惋惜，社会各界十分重视救援工作，当地政府紧急派遣消防官兵进行救援，其中一位身穿迷彩衣服的救援人员与撤离群众擦肩而过，冲向塌方区域，与避难的人群形成强烈的反差，这个场面碰巧被记者拍摄到，之后流传于各大社交平台，一时间激起广大网民的称赞，这位救援人员被誉为“最美逆行者”；也有大量网民谈论九寨沟地震前后的变化，出现了“九寨沟多个湖泊消失”“五花海和火花海消失”“诺日朗瀑布消失”等热点话题，网民在表达惋惜之情的同时，广泛地议论景点修复的蓝图。

---

① 百度百科：8·8九寨沟地震，http://baike.baidu.com/item/8·8九寨沟地震/22069058?fr=aladdin，2017-8-9.

5.3.3 四川省茂县山体滑坡事件

四川省茂县山体滑坡事件发生在2014年7月17日14点45分左右，在四川省阿坝州茂县突发山体滑坡，塌方方量达3000余方，事故造成10人遇难，21人受伤，造成现场213国道100多米的道路被掩埋阻断。① 以上典型的灾害事件在第一时间在网络上传播，参与发布信息的有政府机构、新闻媒体、企事业单位、网络“大V”、普通网民等，可谓全民参与。

灾情发生后，阿坝州立即启动Ⅰ级地质灾害响应，社会及政府多方组织进行了紧急且及时的救援，茂县消防大队接到通知后，首先派出18人前往救援，接着支队调派松潘县14人、全勤指挥部21人前往增援。国土资源部部长姜大明第一时间通过电话询问灾情并作出救灾指示，对灾区的救援进行了现场指挥、成立专家组、建立指挥部等应急措施。习近平和李克强分别对救援工作作出了重要指示和批示。事故造成40余户农房被埋，100余人失踪，河道堵塞2公里，电信光缆预计受损为3公里。②

上述突发事件都是在近几年发生的，且对人们的生命和财产造成了重大损失，政府和社会组织进行了紧急救援，并且在网络上引起了网民大范围热烈的讨论，因此，本书选取13号台风“天鸽”、九寨沟地震和四川省茂县山体垮塌事件作为舆情风险评价研究的案例很具有代表性。

5.4 数据来源

真实、可靠的数据直接决定着实证研究结果的优劣，而数据的获取富有挑战性，数据获取的平台、方式决定着数据的好坏。就平台而言，在选择的过程当中，要尽量选择知名度较大、专业度较高，并且得到行业认可的舆情信息提供商，因为其往往具备一定的“权威度”，保证了获取数据的质量。就方式而言，它依托于平台而存在，每个平台往往具备独特的信息获取方式，方式的不同也会决定着数据质量，但信息搜集的方式属于技术层面，属于“黑匣子”，一个优秀的平台往往会使用目前最优的方法进行数据搜集，所以，只需选择优质的平台作为本研究的数据来源，参考以往的经验和实践调查，发现“清博舆情”和百度指

①② 百度百科：6·24茂县山体滑坡，http://baike.baidu.com/item/6·24茂县山体滑坡/21496563?fr=aladdin，2017-6-25.

数符合本研究对数据苛刻的要求。因此，本书进行评价所采用的数据主要来源于“清博舆情”平台和百度指数，两者均是目前有关舆情信息的监测平台，其数据准确、可靠，与真实数据保持高度一致，经得起检验，是专业的舆情信息提供方。

5.4.1 清博舆情

清博舆情是“清博大数据”平台中的核心子产品，“清博大数据”是一个专业的舆情信息服务公司，主要业务是为企业和个人提供各类数据、分析报告、榜单、舆情监测以及大数据建设等，在国内舆情行业处于领先地位，所提供的舆情信息真实且全面，系统功能齐全，不少政务单位和大企业都在使用其服务。目前为新华社、《中国青年报》等媒体，新浪公司、今日头条公司、阿里巴巴公司等大型企业的部分新媒体运营提供评价标准，为新华社、海尔公司、腾讯公司、孔子学院等机构提供大数据分析和舆情监测服务。本书选取其作为数据来源主要有三方面的原因：“全”“真”“准”。

（1）“全”。清博舆情几乎抓取了现今具备一定价值的舆情信息生产平台中的数据，其信息几乎涵盖了所有的现代网络交流环境，其监测范围包括以下五点。第一，公开的微博数据。包括腾讯微博和新浪微博等。第二，微信数据。包含拥有1400多万账号的微信公众号数据，也包括搜狗微信。第三，网页数据。包括主流门户的新闻信息、国家新闻出版广电总局明确有新闻报道权的249个媒体、其余重要的地方网站和专业化网站。第四，客户端数据。目前网络上高频使用的266个客户端数据都已经被系统地列入优先搜索，如腾讯新闻、澎湃新闻、今日头条等，主流信息不会遗漏。第五，论坛数据。目前包括的论坛URL高达17000多个，例如百度贴吧、知乎问答、天涯论坛等社区的数据都有，且数量在不断地增加。

（2）“真”。清博舆情拥有最新的舆情信息智能监测和分析系统，通过数据抓取算法和API获得原始信息，保证汇集的数据完全、真实、有效。并且根据中文分词技术、自然语言处理技术、信息的智能清洗、语意情感研判、聚类分析等方法，对所抓取的文章帖子进行层层过滤，将文章的情感分为正面、负面和中立三个维度，首先判断文章中每句话的情感倾向，其次赋予分值，最后对所有句子的情感值进行综合计算，所得结果为该文章的最终情感值，根据正面和负面情感的阈值，将属性值进行过滤，剩下的情感值对应文章情感属性即为中立态度；这样，将使文章的真实信息被尽可能地呈现给用户。

（3）“准”。清博舆情平台提供众多个性化的服务，可以精准定位在所需信息的范围，确保精确地获取相关信息。比如既有舆情实时监测的功能，又有舆情回溯的操作，可以在特定的地域或平台，在既定的时间段获取数据，在使用关键词检索时又有众多模式可供选择，分为快捷模式、精确模式、高级模式，这三种模式在功能上无太大差异，但可根据具体场景的不同做出不同的选择，快捷模式的关键词是"或"的关系，高级模式下的关键词是"且"的关系，精确模式是关键词之间的"且"关系和关键词组之间的"或"关系。这样，可准确地搜寻到需要查询的舆情信息。

5.4.2 百度指数

百度指数是以使用百度的所有网民行为作为数据来源的大数据分享平台，是目前我国利用互联网进行数据分析的重要平台之一，自发布之日起便成为众多企业及个人进行营销决策的重要依据。其不仅对单个关键词进行趋势分析，更可对某个行业、某个事件进行深度的追踪，还可以对其进行可视化的呈现，比如与关键词相关的需求图谱。百度指数以广大百度用户的搜索操作为原点，将其加工处理，向八方辐射形成众多的业务分析，由此形成了基于数据的舆情信息挖掘、用户画像、商业分析等多方面的应用。出于本研究的需要，百度指数具有以下四个特征。

（1）搜索趋势。通过相应的检索词可得知该词的搜索趋势，它以横轴为时间，纵轴为数据量，数据量随时间而变化，可以分别得到 PC 端的变化，也可得到移动端的变化，时间期区间亦可选择，这样就可以看到特定时间段的检索词搜索量。

（2）需求图谱。这是根据与关键词的相关程度而刻画的图谱，例如搜索"九寨沟地震"，可能会出现"四川""阿坝州"等关键词，并且根据相关程度，其与中心关键词有不同的距离和大小，与中心关键词相关度越高的关键词，代表关键词的圆圈离中心越近且面积越大，这样为舆情的分析提供了一定的帮助。

（3）舆情监测。针对热点话题和舆情事件，百度指数记录了其发生至灭亡的所有时间序列数据，从舆情的需求图谱、地域分布、情感倾向、人物画像等层面对舆情进行分析。

（4）人物画像。通过百度指数可对参与用户的基本情况进行了解，包括用户的职业、兴趣、人群所在的区域，并对这些属性进行量化和计量统计，最后以数字和图表的形式呈现。

综上所述，清博舆情和百度指数是舆情数据重要来源，通过它们可以基本获取本书解决问题所需的舆情数据。

5.5 风险评价指标体系的确定

本书采用上文构建的舆情风险监测指标体系对所选舆情案例进行风险评价分析，但是在评价模型中每个指标的目的与舆情监测模型都有所不同，评价模型中的指标可通过获得的相关数据对舆情的风险程度进行评判，确定该风险所处等级，并给政府和舆情监管部门应该采取何种行动提供参考。所获得的数据见表5－3。

表5－3　各类灾害舆情事件的监测数据

评价指标	13号台风“天鸽”	九寨沟地震	四川省茂县山体垮塌
B111 致灾因子强度	3	4	4
B113 影响范围	158	8	1
B121 财产损失	477.4	80.43	1.2
B122 人员伤亡	546	560	86
受灾地区人口密度	518.25	15.59	26.98
B213 信息发布者权威度	1.08	1.41	0.89
B222 含图片信息数量	0.53	0.51	0.48
B232 虚假信息数量与内容相关信息总量之比	0.11	0.15	0.04
B311 总流量	3937	5125	3495
B321 媒体总量	108	115	89
B332 单位时间内容相关信息与总量比变化程度	0.814	0.868	0.775
B343 原创微博数变化率	240	288	96
B352 持续时间	13	14.5	6.4
B412 评论量	2592100	9050800	312670
B421 正面情绪	0.52	0.44	0.38
B432 1～3年	0.42	0.46	0.39
B441 东部沿海地区	0.59	0.36	0.49

资料来源：笔者整理。

5.6 计算过程

5.6.1 模型仿真

计算过程采用模拟（simulink）对 AGA－PP 模型进行仿真，主体仿真模块使用S－function 函数，该模块可实现用户自定义代码，为本书的建模过程提供了思路（见图5－3）。

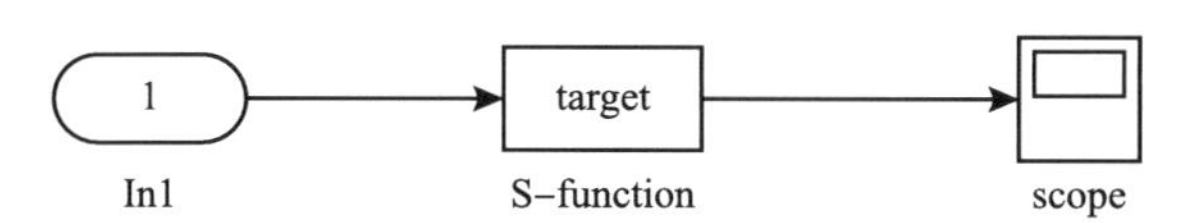

图5－3 AGA－PP 模型的仿真过程

资料来源：笔者整理。

5.6.2 标准投影寻踪模型进行计算

步骤1：确定评估指标体系。根据上文提出的舆情风险评估指标体系，对每个指标进行抓取数据，如表5－3 给出了每个指标对应的指标值。

步骤2：对样本指标集进行归一化处理。由于本书所获取的数据相差范围过大，为了方便进行数据处理，对它们进行极值归一化处理，参考式（4－15）和式（4－16），得到该案例的处理结果为：

（0，1，1，0.9705，1，0.3654，1，0.6364，0.2712，0.7308，0.4194，0.7500，0.8148，0.2609，1，0.4286，1）。

步骤3：构造投影指标函数。将此案例的 n 维数据 $\{x(i,\ j)\mid j=1,\ 2,\ \cdots,\ n\}$ 综合成以 $a=\{a(1),\ a(2),\ a(3),\ \cdots,\ a(n)\}$ 为投影方向的一维投影值 $z(i)$，其中 $n=17$，

$$z(i) = \sum_{i=1}^{n} a(j)x(i,j),\ i = 1, 2, 3, \cdots, n \quad (5-1)$$

然后，根据一维散布的结果 $\{z(i)\mid i=1,\ 2,\ \cdots,\ n\}$ 进行分类。投影指标函数可表示为：

$$Q(a) = S_z D_z \quad (5-2)$$

$$S_z = \sqrt{\frac{\sum_{i=1}^{n}[z(i) - e(z)]^2}{n-1}} \tag{5-3}$$

$$D_z = \sum_{i=1}^{n}\sum_{j=1}^{n}\{R - r(i, j) \times u[R - r(i, j)]\} \tag{5-4}$$

其中，$E(z)$ 为序列 $\{z(i) \mid i=1, 2, \cdots, n\}$ 的平均值；R 为窗口半径；$r(i, j)$ 为每个数据“星云团”之间的距离，$r(i, j) = |z(i) - z(j)|$用投影值的差值表示。$u(t)$ 为单位阶跃函数。

步骤4：优化投影函数的投影方向。最大化投影函数：

$$Q(a)Z_{Z_{\max}} \tag{5-5}$$

约束条件：

$$\text{s. t.} \sum_{j=1}^{p} a^2(j) = 1 \tag{5-6}$$

要解决此类复杂的非线性优化问题，用模拟达尔文生物优胜劣汰进化论的自然选择和遗传机制的基于实数编码的加速遗传算法（AGA）来解决其全局寻优。接下来，选取待优化的投影函数，以求解其最小化的问题为例。

$$\min f(x)$$

$$\text{s. t. } a(j) \leqslant x(j) \leqslant b(j) \tag{5-7}$$

步骤5：分类。把上步推出的最佳投影方向 a^* 代入步骤3中的公式，求得 $z^*(i)$，然后，将投影值与分类标准投影值 $z^*(j)$ 进行对比，用相似度做比较，如果它们之间的差值越小相似度越大，则意味着样本与越有可能同属一类，因此，可以将突发灾害事件的网络舆情危害程度进行分类，进而完成等级划分。

以上过程就是台风“天鸽”案例的完整计算流程。

用 matlab 进行数据建模。将表5-3中的数据建立一个矩阵 A_2：

$$A_2 = \begin{bmatrix} 3 & 4 & 4 \\ 158 & 8 & 1 \\ 477.4 & 80.43 & 1.2 \\ 546 & 560 & 86 \\ 518.25 & 15.59 & 26.98 \\ 1.08 & 1.41 & 0.89 \\ 0.53 & 0.51 & 0.48 \\ 0.11 & 0.15 & 0.04 \\ 3937 & 5125 & 3495 \\ 108 & 115 & 89 \\ 0.814 & 0.868 & 0.775 \\ 240 & 288 & 96 \\ 13 & 14.5 & 6.4 \\ 2592100 & 9050800 & 312670 \\ 0.52 & 0.44 & 0.38 \\ 0.42 & 0.46 & 0.39 \\ 0.59 & 0.36 & 0.49 \end{bmatrix}$$

对其进行归一化处理后得到一个新矩阵 X：

$$X = \begin{bmatrix} 0 & 1 & 1 \\ 1 & 0.0446 & 0 \\ 1 & 0.1664 & 0 \\ 0.9705 & 1 & 0 \\ 1 & 0 & 0.0227 \\ 0.3654 & 1 & 0 \\ 1 & 0.6000 & 0 \\ 0.6364 & 1 & 0 \\ 0.2712 & 1 & 0 \\ 0.7308 & 1 & 0 \\ 0.4194 & 1 & 0 \\ 0.7500 & 1 & 0 \\ 0.8148 & 1 & 0 \\ 0.2609 & 1 & 0 \\ 1 & 0.4286 & 0 \\ 0.4286 & 1 & 0 \\ 1 & 0 & 0.5652 \end{bmatrix}$$

采用 matlab R2016a 工具处理数据，对表 5－3 中的数据建立投影寻踪模型（PP），得出的最大投影指标值为 1.2003，最佳投影方向为：

b^* =（0.0801，0.2258，0.3093，0.3601，0.2912，0.3400，0.2523，0.1880，0.0666，0.1496，0.2777，0.1827，0.2175，0.2627，0.2741，0.2939，0.0519），将 b^* 代入公式（5－4）可得到本书列出的三大自然灾害舆情案例的投影值分别为：2.7620、2.7624、0.0772。结果见图 5－4。

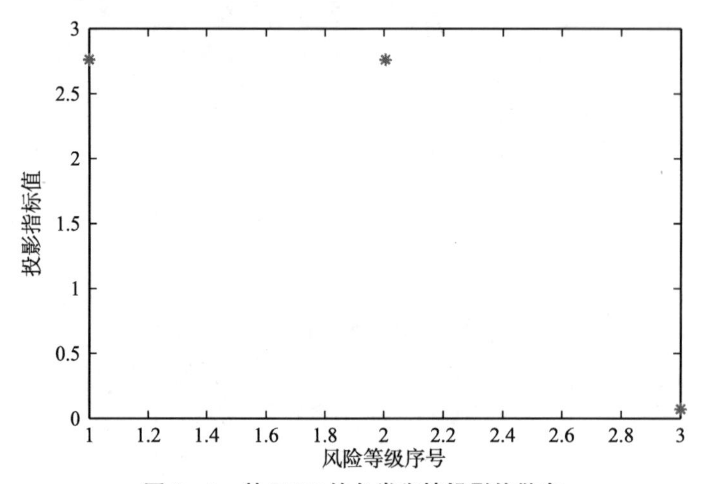

图 5－4　基于 PP 的各类舆情投影值散布

资料来源：笔者整理。

5.6.3　采取 AGA－PP 模型进行计算

5.6.3.1　计算过程

步骤 1：确定评估指标体系。根据上文提出的舆情风险评估指标体系，对每个指标进行爬取数据，如表 5－3 给出了每个指标对应的指标值。

步骤 2：对样本指标集进行归一化处理。由于笔者所获取的数据相差范围过大，为了方便进行数据处理，避免极端值的干扰，对它们进行极值归一化，可参考式（4－15）和式（4－16）进行处理。

步骤 3：构造投影指标函数。将此案例的 n 维数据 $\{x(i,j)\mid j=1,2,\cdots,n\}$ 综合成以 $a=\{a(1),a(2),a(3),\cdots,a(n)\}$ 为投影方向的一维投影值 $z(i)$，其中 $n=17$，

$$z(i) = \sum_{i=1}^{n} a(j)x(i,j),\ i = 1,2,3,\cdots,n$$

然后根据 $\{z(i)\mid i=1,2,\cdots,n\}$ 的一维散布图进行分类。上式中 a 为单位长

度向量。投影指标函数可表达为：

$$Q(a) = S_z D_z \tag{5-8}$$

其中，S_z 为投影值 $z(i)$ 的标准差，D_z 为投影值 $z(i)$ 的局部密度，即：

$$S_z = \sqrt{\frac{\sum_{i=1}^{n}[z(i) - e(z)]^2}{n-1}} \tag{5-9}$$

$$D_z = \sum_{i=1}^{n}\sum_{j=1}^{n}\{R - r(i,j) \times u[R - r(i,j)]\}$$

其中，$E(z)$ 为 $\{z(i) \mid i=1, 2, \cdots, n\}$ 的平均值 R 为星云团的窗口半径，可根据多次试验的平均值来确定；$r(i, j)$ 为样本间距，$r(i, j) = |z(i) - z(j)|$；$u(t)$ 为一单位阶跃函数。

步骤4：优化投影函数的投影方向。

$$\text{最大化投影函数：} Q(a)Z_{Z_{\max}}$$

$$\text{约束条件：s. t.} \sum_{j=1}^{p} a^2(j) = 1$$

要解决此类复杂的非线性优化问题，用模拟生物自然选择和遗传机制的基于实数编码的加速遗传算法（AGA）来解决其全局寻优。接下来选取得待优化的投影函数，以求解其最小化的问题为例：

$$\min f(x)$$

$$\text{s. t. } a(j) \leqslant x(j) \leqslant b(j) \tag{5-10}$$

步骤5：对优化变量进行实数编码。采用以下线性变换：

$$x(j) = a(j) + y(j)[b(j) - a(j)],\ j = 1, 2, \cdots, p \tag{5-11}$$

其中，f 为目标函数，p 为优化变量个数，$[a(j), b(j)]$ 表示初始变化区间，$x(j)$ 表示第 j 个待优化变量，每个优化变量对应一个实数，这个实数就是AGA中的遗传基因，用 $y(j)$ 表示。由优化变量对应的基因串 $[y(1), y(2), \cdots, y(p)]$ 称为染色体。其中，优化变量的取值将在 $[0, 1]$ 区间的实数中选择。

步骤6：初始化种群。设父代群体中有 n 个个体，将其进行整理，生成每组有 p 个随机数的 n 组随机数组，即 $\{u(j, i) \mid (j=1, 2, \cdots, p; i=1, 2, \cdots, n)\}$，把抽取的随机数作为初始父代个体值 $y(j, i)$，优化后得到函数值，每个函数值对应一个个体，把目标函数值从小到大进行排序，对应的个体 $\{y(j, i)\}$ 也跟着排序，目标函数值与个体存在这样的关系，函数值越小个体适应能力越强，根据以往经验，选择排序靠前的若干个个体为优秀个体，最好使这些靠前的个体函数值与其后的函数值在数值上能拉开较大的距离，并选择其进入下一代。

步骤7：父代群体的适应度计算。要计算适应度，就需要一个评价函数对其评估，具体做法是：对父代群体中的每个个体赋予一个概率，使个体被选择的概率与个体适应度呈现一定的规律，评价函数对个体适应度顺序进行分配，而不根据实际值。适应度越高，被选择的概率越大。设 $a \in (0, 1)$，则基于序的评价函数为：

$$eval[y(j, i)] = a(1-a)^{i-1},\ i=1, 2, \cdots, N \tag{5-12}$$

其中，i 的取值越小，说明染色体越好。

步骤8：选择操作。此过程以赌轮 N 次为选择机理，每次旋转都会产生一个染色体，而选择染色体是根据适应度进行的，具体选择过程可表示如下：

每个染色体 $y(j, i)$ 的累积概率 $q_i(i=0, 1, 2, \cdots, n)$ 为：

$$\begin{cases} q_0 = 0 \\ q_i = \sum_{j=1}^{i} eval[y(j, i)];\ j = 1, 2, \cdots, p;\ i = 1, 2, \cdots, N \end{cases} \tag{5-13}$$

在累积概率区间 $[0, q_i]$ 中，选择随机数 r；可根据 r 的概率值来选择染色体，笔者选择 $y(j, i)$；然后 N 次重复步骤2、步骤3，即可得到由 N 个染色体组成的新一代个体。

步骤9：杂交操作。首先取参数 p_c 作为父代群体杂交操作的交叉概率，表明种群中有 p_cN 个染色体可能进行交叉操作，此过程为遗传算法的主要进化方式，杂交操作首先要确定父代个体，i 为 N 个染色体的任意一个，在 $[0, 1]$ 中产生随机数 r，如果 r 值小于交叉概率，则选择 $y(j, i)$ 作为一个父代，以此类推，最后用 $y_1'(j, i)$，$y_2'(j, i)$，$\cdots$，$y_k'(j, i)$ 表示父代的个体染色体，并把它们进行两两配对，如下：

$$y_1'(j, i),\ y_2'(j, i),\ y_3'(j, i),\ y_4'(j, i),\ y_5'(j, i),\ y_6'(j, i) \tag{5-14}$$

为了保证染色体两两配对，当父代个体为奇数时，可以增加或除掉一个染色体让其个数为偶数。以下说明算术交叉的操作过程，类似于生物中的同源染色体联会现象，即首先从（0, 1）中产生一个参数 c，其既可以是常数又可以是变量，然后，产生两个后代 X 和 Y 如下：

$$X = c \times y_1'(j, i) + (1-c) \times y_2'(j, i),\ Y = (1-c) \times y_1'(j, i) + c \times y_2'(j, i) \tag{5-15}$$

经过以上方式，大量杂交操作得到第二代群体。

步骤10：变异操作。笔者采用两点变异，这对群体多样性更有帮助。取 p_m

作为变异概率，用 $y_3'(j,\ i)$ 表示父代，在 R^n 中随机选择变异方向 d，按以下方式进行变异。

$$y_3'(j,\ i)+Md,\ i=1,\ 2,\ \cdots,\ p \tag{5-16}$$

若式（5-16）不可行，为了能够保证群体的多样性，M 取（0，M）上的随机数，直到式（5-16）可行为止，由此来决定变异群体。无论 M 取何值，总能用 $M=y_3'(j,\ i)+Md$ 替代 $y_3'(j,\ i)$，实验证明，在算法进行的后期，劣势个体的基因突变可有效地提高全局优化能力，最后，经过变异操作得到新一代种群 $\{y_3'(j,\ i)\mid j=1,\ 2,\ \cdots,\ p;\ i=1,\ 2,\ \cdots,\ n\}$。

步骤11：迭代演化。根据上文经过选择、交叉、变异得到的 $3n$ 个子代个体，按其适应度值的大小，将适应度值最前面的（$n-k$）个子代个体作为新的父代种群。此后算法进入步骤3，在这一轮的基础上重复下一轮的演化进程，这样将使群体平均适应度提高，直至达到预设的进化迭代次数，此时，适应度最高的个体对应的解就是算法加速操作之前的最优解。

步骤12：对算法过程进行加速。具体做法为：用前两次进化所产生的优秀个体变化区间作为下次进化时的新空间，这样将有效地避免算法在无效区间的时间消耗，如果不挑选优秀变化区间的选择，则会导致运算的次数增多，这将减弱算法性能。确定区间后，算法转入步骤1重新开始，直至本书预设的加速次数消耗殆尽且目标值小于设定值。此时把适应度最高的个体作为最优秀个体，即 AGA-PP 模型的最终寻优结果。

5.6.3.2 用 MATLAB 进行数据建模的过程

将表5-3中的数据建立一个矩阵，然后归一化得到一个新矩阵，采用 MATLAB R2016a 工具处理数据，对表5-3中的数据建立基于加速遗传算法的投影寻踪模型（AGA-PP），选取群体规模 $N=400$，交叉概率 $P_c=0.8$，变异概率 $P_m=0.2$，变异方向所需要的随机数 $M=10$，加速次数 $Ci=20$，得出的最大投影指标值为1.3128，最佳投影方向为：

b^* =（0.0358，0.2748，0.2520，0.3155，0.2269，0.2013，0.2987，0.2986，0.1795，0.2559，0.2397，0.2883，0.3169，0.1896，0.2311，0.2368，0.0756），将 b^* 代入式（5-9）可得到笔者列出的三大自然灾害舆情案例的投影值分别为2.8820、2.8820、0.1406。结果见图5-5。

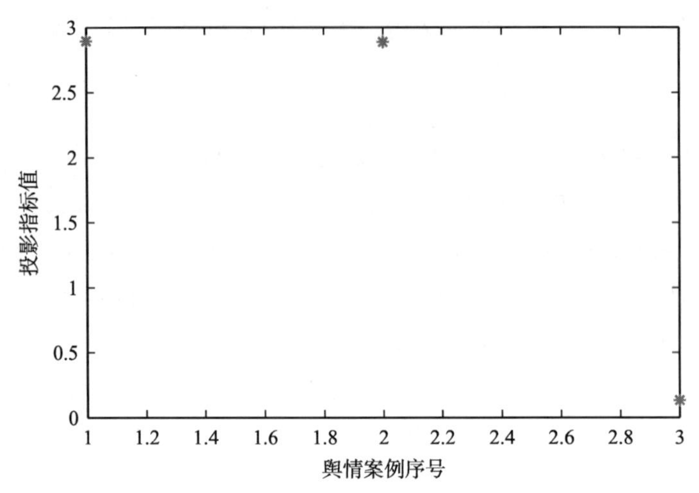

图 5－5 基于 AGA－PP 的各类舆情投影值散布

资料来源：笔者整理。

图 5－5 的舆情案例序号中，序号 1 是 13 号台风“天鸽”，序号 2 是九寨沟地震，序号 3 是四川省茂县山体垮塌，由图 5－5 显示的结果可知，投影指标值 2 号“九寨沟地震”＝1 号“13 号台风天鸽”＞3 号“四川省茂县山体垮塌”。

5.7 AGA－PP 与标准投影寻踪方法的比较

两种方法都可用于本研究的舆情风险评价，从计算结果来看，两种模型都能较好地解决了相关问题，都能正确合理地将各种不同的舆情事件划分到相应的所属等级，都可以定性地对舆情事件进行判断；其量化过程中，数值之间的差异是两者的主要区别，主要体现在精度和稳定性两个方面。

5.7.1 精度

采用加速遗传算法的方法能够提高投影寻踪模型的运算精度。采用加速的方法，用前两次进化所产生的优秀个体变化区间作为下次进化时的新空间，这样将有效地避免算法在无效区间的时间消耗，如果不挑选优秀变化区间的选择，则会导致运算的次数增多，这将减弱算法性能。区间确定后，算法自步骤 1 开始重新运行，直至目标值小于本书给出的预设值或算法达到预设的加速次数。AGA－PP 能够自动剔除掉无用的计算过程，节省了大量的运算时间，使计算时间都趋于有效，提高了运算的效率。

根据模型可分别得到两种模型的精度对比，误差分析见表5-4。

表5-4 模型误差分析表

项目	PP模型			AGA-PP模型		
等级值	样本投影值	绝对误差	相对误差（%）	样本投影值	绝对误差	相对误差（%）
1	0.0772	0.0817	8.17	0.1406	0.0615	6.15
3	2.7624	0.1254	4.18	2.8820	0.0924	3.08
3	2.7620	-0.1178	-3.92	2.8820	-0.0887	-2.95
平均值（绝对值）	—	0.1083	5.423	—	0.0808	4.06

资料来源：笔者整理。

由表5-4可知，AGA-PP模型的舆情等级计算的平均绝对误差值仅为0.0808，平均相对误差值为4.06%，PP模型输出结果的平均绝对误差值为0.1083，平均相对误差值为5.423%。可见对比标准的投影寻踪模型，AGA-PP模型具有更高的运算精度，很适合用来准确地描述各评价指标与等级间的关系。

5.7.2 稳定性

为了表明两种模型的稳定性差别，笔者分别使用两种模型对同一组舆情事件进行了10次模拟计算，得出10种不同的结果，再将这10次运算结果建立表格并计算其方差，得到表5-5。

表5-5 AGA-PP和标准投影寻踪模型的稳定性对比

试验次数	PP模型			AGA-PP模型		
	序号			序号		
	1	2	3	1	2	3
1	2.7085	2.7197	0.1011	2.8851	2.8851	0.1169
2	2.7807	2.7813	0.1864	2.8841	2.8841	0.0899
3	2.7875	2.7964	0.1267	2.8988	2.8988	0.1033
4	2.8373	2.8540	0.1518	2.8942	2.8942	0.1205
5	2.7673	2.7758	0.1782	2.9084	2.9084	0.1403

续表

试验次数	PP模型			AGA－PP模型		
	序号			序号		
	1	2	3	1	2	3
6	2.8017	2.7954	0.1336	2.8821	2.8821	0.0922
7	2.7742	2.7824	0.0756	2.8708	2.8708	0.0824
8	2.8393	2.8353	0.1286	2.9104	2.9104	0.1100
9	2.7952	2.7889	0.1901	2.8947	2.8947	0.1081
10	2.8620	2.8671	0.2137	2.8897	2.8897	0.1375
方差	0.2948	0.0018	0.0019	0.0001	0.0001	0.0004

资料来源：笔者整理。

由表5－5可知，两模型序号1～3的方差值分别是：0.2948、0.0001，0.0018、0.0001，0.0019、0.0004；说明不管是什么舆情事件，使用标准投影寻踪模型计算的投影值方差远大于使用AGA－PP模型计算的投影值方差，即AGA－PP模型计算结果的离散程度远大于标准投影寻踪模型计算的离散程度。将10种运算结果绘制成箱线图（见图5－6）。

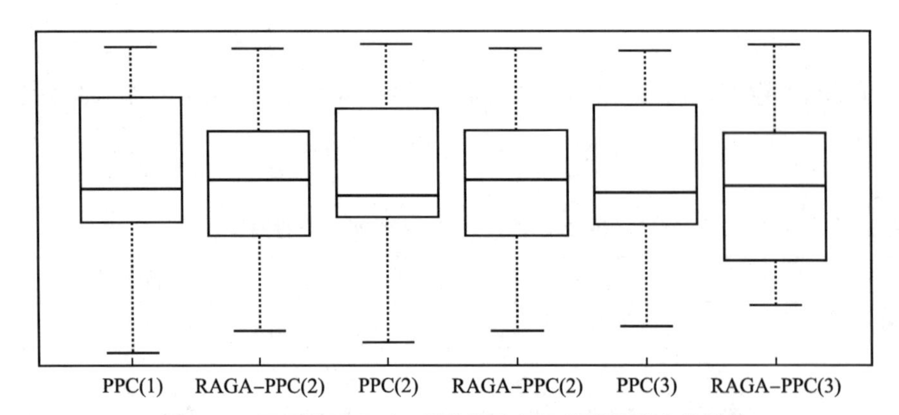

图5－6 不同模型下对3种舆情案例运算结果分布的箱线

资料来源：笔者整理。

由此可见，PP模型计算的结果数值跨度更大、分散程度更高，整体数值偏小，AGA－PP模型计算的结果数值跨度较小、数据更加集中，整体数值偏大，对于投影值的计算结果而言，AGA－PP模型相比于PP模型稳定性更高。

总之，从表5－4和表5－5来看，两种模型的计算结果有细微差异，但不影响判定结果的准确性，不过AGA－PP模型在计算投影值的精度要求较高、稳定性更佳，即加速遗传算法改进的投影寻踪模型更加“保守”，而传统投影寻踪模型更加“浮夸”。

5.8 结果分析

从投影指标值的大小来看，九寨沟地震和13号台风“天鸽”的投影指标值最大，为2.8820，四川省茂县山体垮塌的投影指标值最小，为0.1406。将三个案例的投影值与四级标准投影值相比较可知，2.4671 < 2.8820 < 4.1111，九寨沟地震和13号台风“天鸽”的投影指标值达到了三级舆情风险等级与四级舆情风险指标值之间，说明该案例的风险等级属于上文判定的三级黄色舆情风险等级，舆情破坏程度属于中度危险舆情，政府及有关部门应该中度介入管控。四川茂县山体垮塌事件的投影值处于一级舆情风险等级与二级舆情风险指标值之间，为0 < 0.1406 < 0.6533，说明该案例的风险等级属于一级绿色舆情风险等级，破坏程度属于敏感舆情，政府及有关部门不应该介入管控。

将笔者所取案例的投影值与风险等级标准划分相结合，可以清楚地看到案例对应的舆情风险等级，见图5－7。

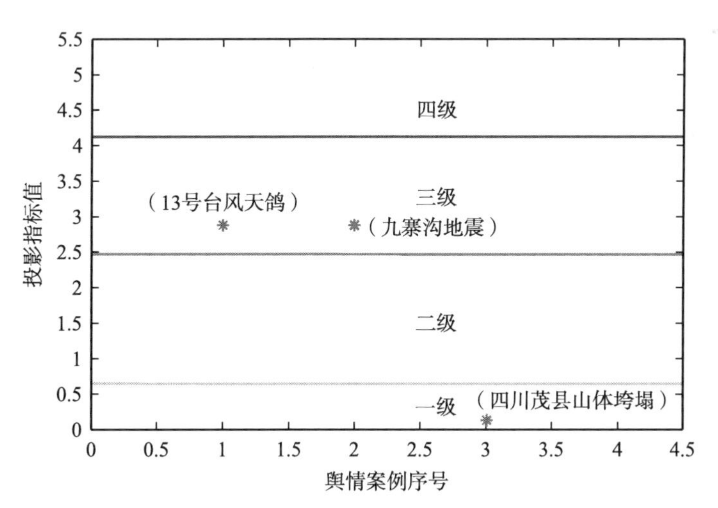

图5－7 案例与舆情风险等级关系

资料来源：笔者整理。

其中，13 号台风“天鸽”判定为三级舆情风险可能是因为其风力级别很高(15 级)、波及范围很大（我国台湾、香港、澳门和广大华南地区）且主要影响范围是人口、产业、建筑很密集的珠江三角地区，经济损失严重，这与当时中央电视台及各大新闻媒体平台广泛报道、政府及社会救援的情况相吻合，也符合人们的主观感受。政府相关部门及舆情监管部门对台风“天鸽”来临时，网络上散布的虚假不实信息进行了管控，例如有网友在网上散布谣言，造成了一定范围的恐慌，被当地公安机关依法进行了行政处罚。九寨沟地震的舆情风险判定为三级，可能主要是三个方面的原因造成的。第一是地震本身的“震撼力”，地震是自然界最具破坏力的一种力量，能够在极短的时间里释放巨大的能量，从而造成难以想象的损失，有很多成语就是在古代地震的文献记载中出现的，比如说“地动山摇”“山崩地裂”等。而且地震会引发很多次生灾害，地震发生后，自然原有的生态状态被破坏，造成的山体滑坡、泥石流、海啸、火灾、水灾、瘟疫、毒气泄漏、放射性物质扩散等次生灾害，例如印度洋海啸就是典型的由地震引起的次生灾害。诸如此类，地震在人们的意识中属于毁灭性的灾难，发生震感稍强的地震往往会引起人们的广泛关注。第二是九寨沟地震的震级达到了里氏 7.0 级，相当于 3200 万吨 TNT 爆炸所释放的能量，这次地震的级别属于大地震，对地表的破坏相当巨大。第三是九寨沟地震造成 25 人死亡，525 人受伤，直接经济损失为 224.5 亿元，人口伤亡严重、经济损失巨大。[①] 综合上述三方面的原因，九寨沟地震自发生时就立刻在网上引起了“全民关注”，社会各界人士在微博上发声，一时间被“九寨沟地震”刷屏了，“九寨沟挺住”等关键词成为了热搜，其舆情风险级别与网络关注度也很符合，达到了人们预期的关注程度。

政府及舆情监管部门也进行了中度参与，如在地震期间，网上有人冒充地震援助中心，以手机短信的方式要求网民汇款献爱心，泸州网警第一时间公开向网民们戳穿了骗局；还有冒充地方的地震局散布地震虚假信息的谣言，都被相关政府部门第一时间公开澄清。四川省茂县山体垮塌事件造成的舆情级别为一级的敏感类舆情，其事件造成了 100 余人被埋，10 人死亡，[②] 有较多的人口伤亡，但经过本书多个指标的评价其事件引起的舆情风险等级为一级，主要原因可能有以下四个方面。第一，灾害影响的范围小。不像地震和台风波及的范围很大，山体垮塌一

① 百度百科：8·8 九寨沟地震，http：//baike. baidu. com/item/8·8 九寨沟地震/22069058？fr = aladdin，2017 - 8 - 9.

② 百度百科：6·24 茂县山体滑坡，http：//baike. baidu. com/item/6·24 茂县山体滑坡/21496563？fr = aladdin，2017 - 6 - 25.

般能影响的面积为1～2平方千米，茂县山体垮塌事件也并没有造成更大范围的破坏和更多人的恐慌，事件所影响的地方只有茂县一个村的大小。第二，灾害发生的地方处于经济不发达的西部农村。一般来说，经济不发达的地区人口密度小，没有发达地区那样拥有众多的人口、产业，灾害对经济造成的损失没有东南沿海地区高，相应的媒体关注度也不高。第三，山体垮塌没有一系列的次生灾害。山体垮塌发生在短时间内，人口伤亡和财产损失也发生在短时间内，灾害发生过后便不会对人们的生命、财产的安全造成威胁。第四，网络上的谣言很少，负面情绪低。由于山体垮塌本身性质的原因，网络上很少有不法分子利用此事件获取某种不正当利益，所以，网络上此方面的谣言、虚假信息较少，反而多是救援相关的正面情绪。

总之，案例的舆情风险等级的划分结果与笔者所期望的结果不谋而合，这也从侧面反映出本书评价指标体系和评价模型的合理性。

5.9　本章小结

（1）将基于加速遗传算法的投影寻踪模型具体应用到舆情风险评价的实例当中，将舆情风险评价中的多个高维状态变量通过寻求其投影到一维子空间的最佳投影方向，形成多个评价指标，对舆情风险进行综合评价，这样就避免了诸如模糊综合评判等方法中的专家个人主观的人为干扰，经过相应的实例验证及生产实践，取得了满意的结果。

（2）在对实例进行评价的时候，AGA－PP模型中参数的选取对评价结果的准确性有很大的影响，例如遗传算法中的 P_m 和 P_c 取值会影响算法中子代个体的数量，进而影响加速迭代的次数。一般来说，P_m 取值范围为0.001～0.2，P_c 取值范围为0.4～0.99，在以后的实际应用中，要根据精度的要求选取不同的参数，这样能更好地达到想要的效果。

（3）由于不同的社会发展阶段人们会有不同的生活方式，与之对应的不同网络发展阶段，人们会有不同的网络参与方式。对自然灾害事件引发的舆情风险评价指标体系不是一成不变的，它是运动发展的，且会随着人们参与网络方式的发展而发展，不同发展阶段的网络生活方式，舆情风险的评价指标体系也会不同。互联网的发展日新月异，本书建立的评价指标体系及评价模型只适应于现阶段我国乃至全世界的网络舆情风险评价，随着社会的不断发展，笔者提出的评价体系也要不断地作出调整，以适应不断变化的网络社会。

第6章　突发自然灾害网络舆情风险应对策略

突发自然灾害事件网络舆情造成的风险可能对人类社会的方方面面产生影响，无论是个人还是组织，不管是网络生活还是现实生活，只要有人存在的地方，就有可能被灾害的舆情风险波及。对于舆情风险，不仅政府部门需要应对，其他利益相关体皆可根据本书评价结果来预防和减低舆情风险。因此，可根据评价结果，为政府部门对舆情的管控提出应对策略，为网络媒体、其他社会组织和网民个人防止和减少自然灾害舆情对自身造成负面影响提供参考依据，可从政府部门、网络媒体、其他社会组织、个人四个层面针对舆情风险提出应对的策略。

6.1　政府层面的应对策略

政府部门作为舆情监管的唯一合法途径，面对舆情风险，政府部门在对舆情进行引导的同时，自身极易陷入舆情风波之中，如何以全局的视角、损失最小化作为出发点，关乎政府的执政水平和民众的信任度，这对政府部门的舆情应对工作提出了一系列的要求，这些要求可以作为政府部门进行舆情引导的参考。再根据本书基于AGA－PP耦合模型的评价结果，对不同等级的舆情风险，政府部门须采取不一样的管控对策。

6.1.1　自然灾害网络舆情应对措施的基本要求

自然灾害网络舆情政府管控的应对机制建设，是政府舆情管控的重要内容和关键能力的体现，是政府工作能力在网络上的间接表现。要求政府在自然灾害突发事件网络舆情应对过程中，坚持正确的舆论导向，建立不同种类、不同风险等级舆情的处理预案，把握舆情演化规律和采取现实与虚拟双重监控。

第一，坚持正确的舆论导向。党中央和习近平同志对舆论宣传工作非常关注。在2013年的全国宣传思想工作会议上，习近平特别强调需要把网上舆论工作作为宣传思想的重点，要充分认识舆论对网民思想的影响，在思想宣传上要坚持正确的舆论导向。[①] 2014年8月18日，在全面深化改革领导小组会议上，习近平同志就传统媒体与新兴媒体融合发展作了重要讲话。[②] 此外，在第二届世界互联网大会开幕式上，重点谈及网络新闻舆论相关话题。[③] 2016年2月19日，提出了政府舆论导向工作的48字方针，指出要把舆论导向作为舆情监控工作的第一要务。[④] 2018年6月15日，习近平在致《人民日报》创刊70周年的贺信中提出，构建全媒体传播格局，忠实履行新闻舆论工作职责使命的要求。[⑤]

随着互联网技术和移动通信技术的发展，以微信、微博、网络论坛等为代表的网络新媒体平台已超过网站浏览的方式，逐渐成为舆情热点发酵和传播的重要载体，更是突发事件发生后网民关注、互动的主要活跃平台。由于在现实生活中某些故意扰乱社会秩序的团体和利益群体，活跃在网络上成为了“网怒”，他们代表着自身的利益，在网上发表过激的言论，尤其在自然灾害等突发事件中，不法分子借助关注的热度和流量散播非法、不实的言论，甚至配合境外势力借机扰乱视听，达到误导大众并严重影响正常舆论环境和舆情导向的目的。面对此情景，急切地需要政府对自然灾害等突发事件引发的网络舆情进行实时管控，不被某些势力“洗脑”。因此，新情况产生了新挑战，这就要求政府部门能够以全局的视角出发，维护绝大部分人的利益，时刻把舆论中的思想文化导向最能代表社会主流文化的方面。这也是总结了大量自然灾害及其他各类突发事件网络舆情管控得出的基本经验。

第二，建立不同种类、不同风险等级舆情的处理预案。不同种类的舆情，不同的等级舆情具有不同的应对措施与处理机制。政府要根据不同的情况建立适合的方案，在舆情处理预案上要因地制宜。

第三，把握和顺应舆情演化的一般规律。按照哲学的基本观点，任何事物都

---

① 中国共产党新闻网. 习近平：胸怀大局把握大势着眼大事 把宣传思想工作做更好［EB/OL］.（2013-8-20）. http：//cpc. people. com. cn/n/2013/0820/c64094-22634049-2. html.

② 中国政府网. 习近平主持召开中央全面深化改革领导小组第四次会议［EB/OL］.（2014-8-18）. http：//www. gov. cn/xinwen/2014-8/18/content_2736451. htm.

③ 新华网. 习近平在第二届世界互联网大会开幕式上的讲话（全文）［EB/OL］.（2015-12-16）. http：//www. xinhuanet. com/world/2015-12/16/c_1117481089. htm.

④ 中国共产党新闻网. 习近平讲话阐明新闻舆论工作“魂”与“神”48字廓清职责使命［EB/OL］.（2016-2-22）. http：//cpc. people. com. cn/xuexi/n1/2016/0222/c385474-28138368. html.

⑤ 人民网. 习近平致信祝贺人民日报创刊70周年［EB/OL］.（2018-6-15）. http：//media. people. com. cn/n1/2018/0615/c40606-30062156. html.

有其从开始到结束的规律，网络舆情亦如此。通过实际观察来看，任何一个由自然灾害事件引起的网络舆情都要经历发展期－高潮期－持续期－消退期。遵循客观规律可以使结果更加科学、合理，因此，政府在舆情监控过程中要善于对演化传播的规律进行总结，在每个不同的发展阶段会有不同的应对措施，这样在每个阶段根据其特点采取相应的策略，才能在舆情监控中取得事半功倍的效果。

第四，“线上、线下”双管齐下。线上是指网络环境，线下是指现实生活。首先突发事件发生在现实生活中，经过媒体的报道，对事件的讨论便转移到了网络上，然后就像“一石激起千层浪”一样在线上广为传播，与此同时，依赖现实生活中事件的处理进程，两者相辅相成，可以说，现实社会是舆情在网络环境中的“土壤”，网络环境是突发事件在网络空间中的另一种存在方式。自然灾害事件的“线上”与“线下”互动造就了其舆情的发展演化。现实社会中如果没有发生自然灾害，网络上就不可能有与之相关的舆情存在。因此，政府在应对自然灾害事件网络舆情危机时，要善于“双管齐下”，把现实生活中对突发事件的处理过程和网络上对舆情的监管有机地结合起来，既妥善处理了突发事件造成的影响，又在网络上安抚了民众的情感与情绪，实现双赢，将两者结合起来形成合力，有力地化解了事件造成的负面效应，阻止了二次危害。

6.1.2 不同风险等级下舆情管控对策建议

对网络舆情进行管控，是民众在网络健康生活的重要保障，是新时代网络治安的基本要求，也是衡量政府行政能力的重要途径。根据不同舆情风险类别（敏感、危险、中度危险、重度危险舆情），可以看出，不同等级的自然灾害网络舆情对人类社会造成的危险是各不相同的，因此，政府在舆情管控过程中可针对不同风险级别的舆情采取不同的措施。

一级敏感舆情。此类舆情的不良舆论对社会主流舆论造成的危害影响较小，网民就某自然灾害在网上一定范围内进行大量的讨论，发表过激言论的群体为极少数且传播范围仅限于人数不多的小群体，主流媒体对该自然灾害进行了报道，舆情若达到此级别，政府部门应该密切关注其舆论的变化，防止舆情的进一步发酵，公开地向社会公众表明该舆情属于一级绿色敏感舆情。

二级轻度危险舆情。此类舆情的不良舆论对社会主流舆论造成了一定范围的影响，网民就某自然灾害在网上进行大量的讨论，发表过激言论的群体较一级敏感舆情有所增多，大量的主流媒体对自然灾害本身进行了报道，有谣言及虚假信息诞生。舆情若达到此级别，政府部门应该密切关注其舆论的变化并加以引导，防止舆情进一步恶化，并对谣言及虚假信息在网上进行澄清，公开地向社会公众表明该舆情属于二级蓝色轻度危险舆情。

三级中度危险舆情。此类舆情的不良舆论对社会主流舆论造成了大范围的影响，网民就某自然灾害在网上进行了大量且持续的讨论，发表过激言论的群体较二级敏感舆情有所增多，大量的主流媒体对自然灾害本身进行了轮番报道，达到了全民皆知，国家领导人对灾区做出重要指示，网络上谣言及虚假信息会给网民大众带来恐慌。舆情若达到此级别，政府部门应该密切关注其舆论的变化并加以引导，网络上对某些敏感关键词进行封杀，防止舆情进一步恶化，并对谣言及虚假信息在网上进行澄清，公开地向社会公众表明该舆情属于三级黄色中度危险舆情。

四级重度危险舆情。此类舆情的不良舆论对社会主流舆论造成了挑战，网民就某自然灾害在网上进行了大量且持续的热烈关切，为了个人不正当利益发表过激言论的群体形成一定的规模，大量的主流媒体对自然灾害本身进行了轮番报道，达到了全民皆知，国家领导人对灾区做出重要指示并派出专门工作组，网络上谣言及虚假信息会给网民大众带来恐慌。舆情若达到此级别，政府部门应该密切关注其舆论的变化并加以引导，各级政府成立临时工作组，对网络进行实时监控，对某些敏感关键词进行封杀，防止舆情进一步恶化，并对谣言及虚假信息在网上进行澄清，严厉打击乘乱危害网络社会安全的人员，公开地向社会公众表明该舆情属于四级红色重度危险舆情。

6.2　对网络媒体的借鉴

网络媒体作为一种特殊的社会组织，在舆情发展演化中扮演着重要的角色，是舆情信息的“搬运工”，它可以将网络中的某一态度、观点传播开来，舆情只有在网络媒体的关注下才有进一步发酵的可能，它相当于某种舆情信息的“代言人”，其一言一行足以影响大量的网民，因此，现代舆情工作对其提出了新的要求，结合本书的评价结果，对网络媒体应对自然灾害舆情风险给出了以下的参考措施。

6.2.1　掌握第一手信息，确保信息的真实性

公布信息的真实性是对媒体的基本要求，当网民对媒体所公布信息的真实性

存疑时，尤其是对自然灾害类事件的报道，可能会激发网民的不良情绪，为产生新的舆情创造可能。一般来说，网民会相信网络媒体所公布的信息，跟随着网络媒体对灾难事件的报道而跟进关注和讨论，此时，网络媒体的作用类似于“领头羊”，引导着网民们的关注焦点，有时决定着舆论的导向。但是，有时情况往往会比较复杂，网络媒体也无法第一时间获取真实的信息，此时，如果其他媒体或个人公布可信度更高的信息时，网民获取的信息出现差别，势必会造成网民大范围的骚乱和恐慌，影响着网络生态。当这种骚乱和恐慌在一定时间内没有得到解决时，会滋生新的谣言和不实信息，使网民怀疑媒体报道信息的真实性，窥探相关部门在灾害解决方面的流程，夸大细小的错误，引导舆情向负面发展，最终会对政府部门造成不良的影响。因此，网络媒体要把好舆情信息真实性的关。

6.2.2 引导舆情向健康的方向发展

网络媒体有引导舆情向健康方向发展的社会责任，做到“不传谣、及时辟谣”。据统计，现阶段我国的网络活跃人口偏年轻化，30 岁以下的网民人数超过了 70%。在这个年龄阶段的人大多富有激情、胸怀正义，好奇心强，善于将自身的观点看法表达于网络，但是这个年龄段社会阅历较浅，很难理性地看待尖锐的问题、容易冲动，有时还会转移舆论话题，导致衍生出的次级舆情，而对自然灾害事件本身的关注降低。因此，很多时候需要网络媒体及时引导网民的关注话题走向，软化网民的过激情绪。参考以下四等级的评价结果，会对网络媒体应对灾害舆情风险作出依据。

一级敏感舆情，网民就灾害事件的讨论不激烈，舆情的潜在风险也在可控范围之内，网络上有关灾害的谣言、质疑、谩骂等均处在合理区间，灾害引发的网络舆情只是敏感状态。对此，网络媒体应该正常进行新闻信息的报道，且加强报道信息的准确性。

二级轻度危险舆情，网民就灾害事件的讨论较激烈，对舆情潜在风险的控制也略显吃力，网络上有关灾害的谣言、质疑、谩骂等日渐增多，对社会及政府有害的负面信息出现，灾害引发的网络舆情上升到轻度危险程度。对此，网络媒体除了正常地进行新闻报道、加强报道信息的准确性外，还需适当地引导舆论导向。

三级中度危险舆情，网民就灾害事件的讨论激烈程度已达到一定的规模，舆情的潜在风险也变得无法确定和控制，网络上有关灾害的谣言、质疑、谩骂等负面言论已经初具规模，灾害引发的网络舆情达到了中度危险程度。应对此状态，网络媒体应该迅速、及时地澄清报道中的不实信息，防止谣言的传播，及时辟谣、及时监控网络中的潜在威胁，需仔细地进行舆情的引导。

四级重度危险舆情，网民就灾害事件的讨论具有较高的激烈程度，且因不实信息、谣言等造成网络和社会的恐慌，严重地影响着人们正常的生产、生活，对舆情的潜在风险也变得无法预测，网络上有关灾害和衍生的谣言、质疑、谩骂等信息严重地影响着一部分人的行为，不仅在网络中不良信息在大肆传播，现实生活中部分人也出现了不良言论甚至违法犯罪事件，由此造成的网络舆情为重度危险舆情。对此，网络媒体应该积极地配合政府部门，及时地把舆情导向健康的发展方向，全方位地进行舆情监控和应对。

6.3　对其他社会组织的借鉴

本书中，其他社会组织更准确的定义应该是，除政府部门和网媒外的任何社会组织，其作为公共关系的主体，是由个人组成的集体，例如医院、学校、工厂、企业等，其具有以下两个特点。第一，有特定的组织目标，人们围绕着这一特定目标才构成一个组织，有共同的利益，并且各成员为这个利益负责。第二，由两个或两个以上的个体成员组成。因此，社会组织作为一个有权威度的、代表一定群体利益的舆情参与方，面对舆情风险应当具有独特的应对策略。当自然灾害舆情对组织造成利益损害时，从组织自身角度考虑，根据本书评价结果，为社会组织应对舆情风险的措施提供参考建议。

对于一级敏感舆情，此时舆情风险在可控范围之内，社会组织应正常运行。在此基础上，要做的就是防患于未然，即做好对组织产生负面影响的舆情信息的应对方式，以及搭建监测全网的对组织相关舆情的监控工作，在舆情进一步恶化、对组织造成更大的损失之前，及时地掌握舆情的内容和走势，把握应对舆情风险的主动权，最终形成舆情风险的应对策略，将损失降至最低。

对于二级轻度危险舆情，此时舆情已对组织产生了一定的影响，但没有实质性的威胁。此级别下可能会产生对组织不利的言论，社会组织在正常运作的同时，须时刻警惕和监控舆情关于本组织的评价，如果任由其发展，将会是负面信息爆炸的前期酝酿阶段。因此，这是舆情风险应对的关键节点，组织务必把握好时机，精准出击，可在对组织产生实质性威胁之前，公布对组织有利的内容，这样可摆脱不良舆论的影响，进一步降低舆情风险的可能。

对于三级中度危险舆情，此时舆情已对组织造成相当程度的影响，对组织的声誉、利益等造成实质性的损害；此级别下，组织应该以引导和澄清为主，引导舆情向正面的方向发展，及时地澄清网上不实的消息。例如，2017年8月，由于四川省九寨沟地震的影响，网上出现了“剑南春藏酒破坏70%”的不实言论，之后剑南春酒业公司官方随即表示此消息不实，及时进行了辟谣。就该上市企业而言，如果此消息继续传播，势必会严重影响其股市行情，给企业带来巨大的经济损失；因此，针对此级别的舆情，组织应该全面监控全网信息。例如，在搜索引擎平台、知识交流平台、及时通信平台等进行舆情监测，尽早发现负面信息，及时进行澄清和辟谣。

对于四级重度危险舆情，此时舆情已对组织造成很大程度的影响，对组织的声誉、利益等造成严重的损害；在此情境下，组织自身进行辟谣和澄清已显得徒劳，需要有一定权威度的第三方发声援助，并配合政府部门和社会各界的帮助；除此之外，组织自身必须利用高效的监测工具实时地对舆情进行监测，提取负面信息，研究应对策略，争取将损失降至最低。

6.4 对网民个人的借鉴

本书的评价结果对网民个人也很有借鉴意义，网民是舆情参与的主体之一，既是负面舆情的主要制造者，也是负面舆情的主要受害者。网络世界相较现实世界更加自由，尤其是情绪、态度的表达上，在网络中不良情绪和观点可以不顾他人感受随意发泄出来，这些负面言论经网络的传播被无数网民看到，轻则影响网民情绪，重则影响网民的世界观，甚至影响网民的正常生活，由于这种负面信息在接收方难以做到正确过滤。因此，为了避免舆情带给其他网民负面影响的风险，须从源头着手避免，提高网民风险意识是可行性高、效果显著的方式，具体措施包括以下三个方面。

第一，获取舆情信息时，客观分析舆情信息，忌情绪化。网民在获知舆情时，一定会伴随着不良信息的出现，此时，应客观地分析舆情信息的内容，因为舆情信息往往带有强烈的主观色彩，想法也较为狭隘，通过客观分析，能从多种角度看待舆情信息，有助于窥探舆情信息背后网民的真实想法，这对于舆情风险的预防有一定的帮助。

第二，参与舆情讨论时，需冷静思考，注意措辞。在舆情的发展过程中，网民极有可能参与其中，成为舆情信息的传播者，此时，网民参与的言论和态度可能会影响其他网民，当言论和态度有负面内容时，会给其他网民带来负面影响，为舆情风险埋下风险隐患，后果难以预料。例如，2019年四川省宜宾发生的6级地震，有网友出于引人关注的心理，在网上发布了“未来某时将有更大地震”等不实谣言，造成了大量当地网民的恐慌。因此，网民在参与讨论时，需发表真实、可靠的言论，这样就从根源上避免了舆情可能造成的风险。

第三，网民在了解灾害舆情状况时，应以政府部门公告为主。在我国，政府部门代表着大多数人的利益，其发布的公告往往比较真实、可靠，相关事件数据均有据可查，这为第一时间向外界公布事件情况提供了保障。与此不同的是网民个人和非专业组织，当灾害发生时，他们往往不会及时地出现在自然灾害现场，对事件的具体情况掌握十分有限，他们所获取的信息往往是经过转载的信息；在传播过程中，舆情信息难免会出现“失真”的现象，因而获取的信息缺乏真实性，而且在经过他们进行传递时，夹杂着他们的非理性和片面性，舆情信息有可能发生异化，甚至形成网络谣言。因此，政府部门的公告代表着一般意义上的真实事件内容，网民个人要以此信息为主要决策依据。

第7章　结论与展望

7.1　研究结论

突发自然灾害网络舆情风险作为一种典型的舆情风险，是整个风险研究体系中的重要组成部分，然而，在网络舆情深刻影响人们生活方式的时代，如何掌握舆情对人们的潜在危害程度是亟须解决的问题，建立高效的自然灾害事件网络舆情风险评价体系是舆情研究工作中的必选项。

由于网络大环境的影响，自然灾害事件发生后，相关报道会在网络上引起广泛的关注，极易引起网络上的轩然大波，舆情风险也相伴而生，本书从自然灾害网络舆情的视角，探讨不同事件的舆情风险程度；为舆情参与各方，尤其是政府部门的正确应对提供参考依据。首先，本书找出了舆情风险监测的影响因素，通过多种指标优化方法的层层过滤，留下相关性较高、代表性强的指标，从而建立了一级、二级、三级指标个数分别为4、14、16的舆情风险监测指标体系。其次，将投影寻踪模型和遗传算法引入本研究，分析其各自的适用性，将两种方法结合形成遗传算法改进的投影寻踪耦合模型（AGA－PP模型），分析其应用于本研究的可能性，对此模型中的算法方式和参数进行再选择，选取对于本研究内容最优的方式，将其应用于自然灾害舆情风险评价。再次，建立四等级划分的舆情风险等级标准，以近年来发生的三个自然灾害事件作为案例，获取其数据，将其用于AGA－PP模型在MATLAB中的仿真模型，将模型得出的评价结果与等级标准值作对比，得到每个案例事件的舆情风险等级，将其作为政府和其他社会组织等的应对依据。最后，分别从政府部门、网络媒体、其他社会组织、网民个人的角度出发，从四等级舆情风险划分入手，分析和探讨了应对自然灾害舆情风险的方法、策略。基于以上研究，本书得到以下四个方面的结论。

（1）在对舆情风险进行评价研究之前，评价指标的确定是重要前提，本书从自然灾害要素、信息特征、媒体传播和受众倾向4个维度出发，建立的舆情风险监测指标体系是合理的，尤其适用于自然灾害舆情。一般来说，舆情风险有着众多的影响因素，在网络环境中会体现在方方面面，因而可从很多角度进行监测。可以说，舆情的风险程度是多种因素指标共同作用的结果，不过我们需要的是两者之间相关性很低的指标，因此，需要用为数不多的较为简洁的指标衡量舆情风险程度，通过层层筛减，本书确立了最终的指标体系。此外，对指标的权重进行了划分。发现自然灾害的灾害要素所占权重最高，说明舆情风险在很大程度上来源于自然灾害自身的属性，再对其二级指标物理属性和破坏程度进行权重分析，发现两者权重几乎持平，但分析其三级指标，分别发现影响范围和经济损失具有较高的权重，表明影响范围广、财产损失大的自然灾害更能引起有关部门的高度关注；这可以解释在现实生活中，即使灾害致灾因子很强的事件发生在人烟稀少的地区时依然不会出现重大的风险，以及自然灾害可能未造成人员伤亡或伤亡程度较低，但造成的财产损失巨大，仍会引发公众的恐慌，如雪灾、干旱等。

（2）舆情风险的AGA－PP耦合评价模型较好地完成了自然灾害舆情的风险评价任务。通过实证研究，对舆情案例进行了风险等级划分，识别出了不同风险预警等级的自然灾害事件，这为舆情事件的关注者和参与者提供了舆情风险态势的宏观情况。而且这种风险等级可通过颜色预警的形式公知于众，有利于他们及时作出合理的决策，评价结果最终证实了遗传算法改进投影寻踪在舆情风险方面的应用具有技术和操作的可行性。舆情风险的评价结果主要取决于模型结构的性能和风险监测指标的选取，只要在这两个方面把关，评价结果就会达到预期的效果；其中，风险监测指标的确定是影响评价最根本的因素，模型的性能更是起着关键的作用，有时不单单会影响结果的精度，甚至会左右风险等级的评价结果，使其客观性遭到质疑，因此，在实验之前必须反复调试模型结构。

（3）根据投影值完成了本书所选案例的舆情等级评价，并且将AGA－PP耦合模型与传统的PP模型进行对比。通过箱线图对两者的精度和稳定度进行了直观的展示，发现AGA－PP模型不论精度还是稳定度方面均优于传统的PP模型，由此可知，经过遗传算法的改进，投影寻踪的性能得到了很大的提升，尤其是能够快速地确定最优解的区间，对最优函数值的输出具有快速、准确的优势。此外，经过多次试验验证，笔者发现模型的很多构成因素都在深刻地影响着评价结果，尤其是适应度函数的选取、遗传算子的确定和参数选择。其中，适应度函数决定着算法的收敛效果以及能否在最短时间内获得最优解，可根据不同问题设置不同的函数，但要保证函数的正值、连续和通用性的特点，尤其要注意指标对结果是正向影响还是负向影响。遗传算子几乎决定着算法的结果，尤其是遗传算子的执行方式，经过对多种方式的排查，最后证明轮盘赌的选择方式、单点交叉的交叉算子和均匀变异的变异算子适合本研究。算法中的参数——Pm、Pc 和终止迭代数的取值均会影响算法的收敛；一般来说，Pm 取值范围为 0.001 ~ 0.2，Pc 取值范围为 0.4 ~ 0.99，算法终止迭代数设为 500 左右符合本书情况，在以后的实际应用中，可根据精度的要求选取不同的参数，这样能更好地达到想要的效果。因此，在 AGA - PP 模型的框架之下，弹性调整模型输出结果的影响因素，可找出更加适合待解决问题的算法结构及参数，最终使得模型更加高效。

（4）分别从政府部门、网络媒体、其他社会组织、网民个人的视角提出了应对舆情风险的策略。对舆情风险的掌握不仅仅局限于政府部门，其他的舆情参与组织也有知情的必要，不仅政府部门根据舆情风险评价结果，对自然灾害事件网络舆情发展演化的过程中坚持正确的舆论导向，建立不同种类、不同风险等级舆情的处理预案，把握舆情演化规律和采取现实与虚拟双重监控；其他舆情参与组织也要根据本书评价结果采取相应的措施。例如，网络媒体需要及时引导网民的关注话题走向，软化网民的过激情绪；其他社会组织从自身角度考虑，为社会组织应对舆情风险的措施提供建议；网民个人据此需提高自身的舆情风险意识，实现从源头上避免风险。以上几乎涵盖了所有的舆情参与者，这进一步地丰富了舆情风险评价的实践用途。

7.2 理论与应用贡献

本书用网络舆情风险相关的国内外前沿研究文献作为基础参考资料，以近年发生的典型事件作为案例，综合运用情报学、危机管理、风险评价等学科和研究领域的相关理论，关注政府部门和其他社会组织面对自然灾害舆情危机时的应对策略，在理论创新的基础上重视实践，因此，本书的贡献包含理论和应用两个方面，理论贡献主要体现在以下两个方面。

（1）建立自然灾害事件网络舆情的风险监测指标，丰富了舆情风险评价的理论体系。通过对舆情风险相关理论——致灾因子论、承灾体论、孕灾环境论等的分析，将其作为理论支撑，经过对大量相关文献的梳理和总结，遵循指标设置的基本原则，结合突发自然灾害的自身特性以及事件态势发展的影响因素，通过筛选形成的指标体系可用于舆情风险的监测，为自然灾害事件舆情风险提供了一套现成的评价方案，有效地弥补和充实了舆情风险评价的难题，进一步发展了舆情评价的相关理论。

（2）搭建用于舆情风险评价的AGA－PP耦合理论模型，进一步拓展了舆情研究的定量模型应用。将舆情风险相关理论和投影寻踪、遗传算法相结合，并尝试应用于舆情风险研究领域，为此构建一种经遗传算法优化的投影寻踪耦合评价模型。该模型首次应用于舆情评价领域，其效果不仅扩大了模型的应用领域，也为舆情研究引入了新的方法模型，并且经过实证研究，发现该模型性能优良，模型输出值也较符合客观事实和主观感受，较好地解决了本书待解决的问题。

应用贡献主要体现在舆情风险的应对策略方面。本研究结合实际对网络舆情的监管者、关注者和参与者应对舆情风险提供了对策建议。上述三者的角色基本由政府部门、网络媒体、其他社会组织和网民个人充当，政府部门是舆情监管的唯一合法机构，其应对舆情的方式稍有疏忽便会造成不可弥补的负面影响，甚至会使得其公信力降低，因此政府部门的应对措施必须及时、真实，而且方法要得当，基于本书分析，提出了政府部门应基于不同等级的舆情采取相应的策略，可提高政府部门舆情应对的综合水平。网络媒体、其他社会组织和网民个人基本是舆情的关注者和参与者，本书针对不同风险等级的舆情，为他们分别提供了相应的应对方案参考，包括网络媒体报道信息的准确性要求和引导舆情的社会责任，其他社会组织从自身出发，关注与己相关的舆情信息，根据评价结果提供相应的行动指南。此外，也对网民个人重新审视自身情绪和行为提供了参考。

总之，本书较好地提出了自然灾害舆情风险评价的一套分析方法和应对预案，从风险监测指标体系的构建，到风险评价模型的建立，直至应对策略的分析，都是以自然灾害事件作为依托；因此，本研究不仅适用于案例选取的台风——台风“天鸽”、地震——四川省九寨沟地震、山体滑坡——四川省茂县山体滑坡事件造成的舆情风险，而且应该适用于所有的因自然灾害事件而引发的舆情风险，对指标进行适当的调整之后，或许能够适用于其他突发事件网络舆情；因此，本研究可适用性较强，有一定的推广意义，可为政府部门或舆情监测部门提供现成的舆情风险评价模型，根据评价结果，为公众发布预警消息，公众根据预警的等级级别，作出相应的规避措施。

7.3　研究不足与展望

本书对舆情风险评价做了相关研究，完成了风险评价指标和模型的建立，并且通过实证取得了不错的效果，但在整个研究过程中难免会存在不足和需要改进的地方，其可归纳为如下三点。

（1）本书所选的案例样本可进一步增加。在一般实证研究中，案例样本对问题的说服力有很大的影响，尤其是典型的、有代表性的案例事件的选取，因此，如何选择特征吻合、数量合适的案例事件尤为重要。本书样本选择的是近年来在国内发生的突发自然灾害事件，分别属于地震类、气象类和地质类，基本是最常见的自然灾害事件，而且影响程度较大、影响范围较广，属于较典型的事件，但本书只选了三个此类事件，在数量上对于研究的说服力来说是一项挑战。因为，所选案例越多，评价结果越稳定，风险等级划分也就越客观、准确，因此，理论上案例选择越多越好，但限于精力和时间难以选择更多的案例。

（2）舆情风险监测的指标是动态变化的，具有时代特征。人们的网络生活方式在不断地变迁，对自然灾害事件引发的舆情风险评价指标体系不是一成不变的，它是动态发展的，它会随着人们参与网络方式的发展而发展。因此，在网络不断发展的过程中，指标不能一成不变，要顺势、灵活地修订完善指标体系，使其有持续评价舆情风险的作用。

（3）评价模型最优参数只能根据多次试验确定。模型的优良性会在很大程度上受参数的影响，而研究者在寻求最优参数的过程中要经历多种试验，而多次的试验也会耗费很大的精力，给研究带来困难，不过研究者可以尽量把握参数变化与输出结果之间的关系，找出其变化规律来避免过多、不必要的试错。

参 考 文 献

[1] 李国英．线性模型中误差方差的二次型估计的可容许性问题［J］．中国科学数学：中国科学，1981，1（7）：112－127.

[2] 成平．回归函数改良核估计的强相合性及收敛速度［J］．系统科学与数学，1983，3（4）：304－315.

[3] 成平，李国英．投影寻踪——一类新兴的统计方法［J］．应用概率统计，1986（3）：77－86.

[4] 宋立新，李丹，高立群，等．多目标无功优化的向量评价自适应粒子群算法［J］．中国电机工程学报，2008，28（31）：22－28.

[5] 谢贤健，韦方强，张继，等．基于投影寻踪模型的滑坡危险性等级评价［J］．地球科学－中国地质大学学报，2015（9）：1598－1606.

[6] 袁顺，赵昕，李琳琳．基于 RST－CWM 模型的风暴潮灾害脆弱性组合评价［J］．统计与决策，2015（23）：53－56.

[7] 方付建．突发事件网络舆情演变研究［D］．武汉：华中科技大学，2011.

[8] 佘廉，叶金珠．网络突发事件蔓延及其危险性评估［J］．工程研究－跨学科视野中的工程，2011，3（2）：157－163.

[9] 顾明毅，周忍伟．网络舆情及社会性网络信息传播模式［J］．新闻与传播研究，2009（5）：67－73.

[10] 潘崇霞．网络舆情演化的阶段分析［J］．计算机与现代化，2011（10）：203－206.

[11] 宋姜，吴鹏，甘利人．网民沉默因素的元胞自动机舆情演化建模及仿真［J］．情报理论与实践，2015，38（8）：124－129.

[12] 王朝霞，姜军，高红梅，等．网络舆情“蝴蝶效应”的预警机制研究——以群体性突发事件为例［J］．新闻界，2015（16）：59－64.

[13] 邓青，刘艺，马亚萍，等．基于元胞自动机的网络信息传播和舆情干

预机制研究［J］. 管理评论，2016，28（8）：106－114.

［14］王旭，孙瑞英. 基于SNA的突发事件网络舆情传播研究——以“魏则西事件”为例［J］. 情报科学，2017（3）：87－92.

［15］朱锦丰. 天津港8·12爆炸事件网络舆情政府引导案例研究［D］. 成都：电子科技大学，2017.

［16］叶皓. 突发事件的舆论引导（政府新闻学研究丛书）［M］. 南京：江苏人民出版社，2009.

［17］申玉兰，郑颖. 突发事件与舆论引导机制研究［J］. 中共石家庄市委党校学报，2011（12）：26－28.

［18］陈娅君. 突发事件网络舆情引导优化路径［J］. 中国集体经济，2018（4）：163－164.

［19］郭怡雷，刘冰. 突发事件中政务微博的舆论引导策略［J］. 青年记者，2017（26）：30－31.

［20］张悦. 突发灾难事件舆情在社会化媒体上的呈现与管理［J］. 西南民族大学学报：人文社会科学版，2014，35（5）：140－144.

［21］陈灼. 灾难舆情趋向分析——以“尤特”水灾民众微博为例［J］. 东南传播，2013（12）.

［22］蔡梅竹. 突发自然灾害事件网络舆论特征研究［D］. 武汉：华中科技大学，2012.

［23］孙江. 重特大火灾事故的信息发布与舆情监测［A］. 中国消防协会科学技术年会论文集［C］. 北京：中国消防协会，2012：454－456.

［24］陈丽芳. 重特大矿难事故网络舆情研究［J］. 煤炭技术，2012（7）：30－31.

［25］李纲，海岚，陈璟浩. 突发自然灾害事件网络媒体报道的周期特征分析——以地震和台风灾害为例［J］. 信息资源管理学报，2015（3）：18－24.

［26］熊萍. 主流媒体灾害事件传播及舆论引导的难点与策略［J］. 中国编辑，2018（1）.

［27］王秋菊，师静，王文艳. 网络舆情风险的表现及规避策略［J］. 青年记者，2014（16）：58－59.

［28］傅昌波，郭晓科. 基于层次分析法的舆情风险评估指标体系研究［J］. 北京师范大学学报：社会科学版，2017（6）：150－157.

［29］沈简，饶军，傅旭东. 基于模糊综合评价法的泥石流风险评价［J］.

灾害学，2016，31（2）：171－175.

［30］赖成光，陈晓宏，赵仕威，王兆礼，吴旭树．基于随机森林的洪灾风险评价模型及其应用［J］．水利学报，2015，46（1）：58－66.

［31］李一蒙，马建华，刘德新，孙艳丽，陈彦芳．开封城市土壤重金属污染及潜在生态风险评价［J］．环境科学，2015，36（3）：1037－1044.

［32］汤洁茹，高振华，叶婉婷．基于BP神经网络的商业银行绿色信贷风险评价研究——以蚌埠农业银行为例［J］．现代商业，2018（11）：75－76.

［33］符刚，曾强，赵亮，张玥，冯宝佳，王睿，张磊，王洋，侯常春．基于GIS的天津市饮用水水质健康风险评价［J］．环境科学，2015，36（12）：4553－4560.

［34］谈依箴，刘茉，李洋，朱琳．边疆地区网络舆情风险评估研究［J］．中国公共安全（学术版），2017（4）：107－113.

［35］瞿志凯，张秋波，兰月新，焦扬，袁野．暴恐事件网络舆情风险预警研究［J］．情报杂志，2016，35（6）：40－46.

［36］付业勤，郑向敏，郑文标，陈雪钧，雷春．旅游危机事件网络舆情的监测预警指标体系研究［J］．情报杂志，2014，33（8）：184－189.

［37］专题：网络舆情风险管理研究（上）［J］．图书与情报，2016（3）：1.

［38］杨兴坤，廖嵘，熊炎．虚拟社会的舆情风险防治［J］．中国行政管理，2015（4）：16－21.

［39］高航，丁荣贵．基于系统动力学的网络舆情风险模型仿真研究［J］．情报杂志，2014，33（11）：7－13.

［40］高航，丁荣贵．政府重大投资项目舆情风险预警指标体系研究［J］．图书馆论坛，2014，34（7）：28－33.

［41］张玉亮．基于发生周期的突发事件网络舆情风险评价指标体系［J］．情报科学，2012，30（7）：1034－1037，1043.

［42］张涛甫．再论媒介化社会语境下的舆论风险［J］．新闻大学，2011（3）：38－43.

［43］景敏婷．网络集群风险治理研究［D］．上海：上海师范大学，2012.

［44］王来华．中国特色舆情理论研究及学科建设论略［J］．南京社会科学，2014（1）：107－114.

［45］童星，张海波．群体性突发事件及其治理——社会风险与公共危机综合分析框架下的再考量［J］．学术界，2008（2）：35－45.

［46］高航，丁荣贵．政府重大投资项目舆情风险预警指标体系研究［J］．图书馆论坛，2014（7）：28－33.

［47］唐惠敏，范和生．网络舆情的生态治理与政府职责［J］．上海行政学院学报，2017，18（2）：95－103.

［48］王新猛．基于马尔科夫链的政府负面网络舆情热度趋势分析［J］．情报杂志，2015，34（7）：161－164.

［49］瞿志凯，张秋波，兰月新，等．暴恐事件网络舆情风险预警研究［J］．情报杂志，2016，35（6）：40－46.

［50］张一文，齐佳音，方滨兴，等．非常规突发事件网络舆情热度评价指标体系［J］．情报杂志，2010，29（11）：71－76.

［51］刘锐．地方重大舆情危机特征及干预效果影响因素［J］．情报杂志，2015，34（6）：93－99.

［52］兰月新．突发事件网络衍生舆情监测模型研究［J］．现代图书情报技术，2013，231（3）：51－57.

［53］兰月新，邓新元．突发事件网络舆情演进规律模型研究［J］．情报杂志，2011（8）：47－50.

［54］戴媛，郝晓伟，郭岩，等．我国网络舆情安全评估指标体系的构建研究［J］．信息网络安全，2010（4）：12－15.

［55］周飞燕，金林鹏，董军．卷积神经网络研究综述［J］．计算机学报，2017，40（6）：1229－1251.

［56］李凡，卢安，蔡立晶．基于 Vague 集的多目标模糊决策方法［J］．华中科技大学学报，2001（7）：1－3.

［57］汪海燕，黎建辉，杨风雷．支持向量机理论及算法研究综述［J］．计算机应用研究，2014，31（5）：1281－1286.

［58］宋高峰，潘卫东，杨敬虎，孟浩．基于模糊层次分析法的厚煤层采煤方法选择研究［J］．采矿与安全工程学报，2015，32（1）：35－41.

［59］徐铭铭，曹文思，姚森，徐恒博，牛荣泽，周宁．基于模糊层次分析法的配电网重复多发性停电风险评估［J］．电力自动化设备，2018（10）：1－7.

［60］吴春生，黄翀，刘高焕，刘庆生．基于模糊层次分析法的黄河三角洲生态脆弱性评价［J］．生态学报，2018，38（13）：4584－4595.

［61］胡群芳，周博文，王飞，牛紫龙．基于模糊层次分析的公路隧道结构安全评估技术［J］．自然灾害学报，2018，27（4）：41－49.

[62] 崔春生，李光，吴祈宗．基于 Vague 集的电子商务推荐系统研究 [J]. 计算机工程与应用，2011，47 (10)：237 – 239.

[63] 张亚明，刘婉莹，刘海鸥．基于 Vague 集的微博舆情评估体系研究 [J]. 情报杂志，2014，33 (4)：84 – 89.

[64] 崔春生．基于 Vague 集理论的各地区人口老龄化横向对比研究 [J]. 管理评论，2016，28 (4)：73 – 78.

[65] 陈祖云，金波，邬长福．支持向量机在环境空气质量评价中的应用 [J]. 环境科学与技术，2012，35 (S1)：395 – 398.

[66] 牛瑞卿，彭令，叶润青，武雪玲．基于粗糙集的支持向量机滑坡易发性评价 [J]. 吉林大学学报：地球科学版，2012，42 (2)：430 – 439.

[67] 毕温凯，袁兴中，唐清华，高强，庞志研，祝慧娜，梁婕，江洪炜，曾光明．基于支持向量机的湖泊生态系统健康评价研究 [J]. 环境科学学报，2012，32 (8)：1984 – 1990.

[68] 贾国柱，刘圣国，王剑磊，宋晓东，王天歌．基于支持向量机的建筑企业循环经济评价研究 [J]. 管理评论，2013，25 (5)：11 – 18.

[69] 李晓婷，刘勇，王平．基于支持向量机的城市土壤重金属污染评价 [J]. 生态环境学报，2014，23 (8)：1359 – 1365.

[70] 武慧娟，张海涛，王尽晖，孙鸿飞，李泽中．基于熵权法的网络舆情预警模糊综合评价模型研究 [J]. 情报科学，2018，36 (7)：58 – 61.

[71] 冯运卿，李雪梅，李学伟．基于熵权法与灰色关联分析的铁路安全综合评价 [J]. 安全与环境学报，2014，14 (2)：73 – 79.

[72] 周艳，蒲筱哥．熵权 TOPSIS 模型在数据库绩效评价中的应用研究 [J]. 图书情报工作，2014，58 (8)：36 – 41.

[73] 杨力，刘程程，宋利，盛武．基于熵权法的煤矿应急救援能力评价 [J]. 中国软科学，2013 (11)：185 – 192.

[74] 欧阳森，石怡理．改进熵权法及其在电能质量评估中的应用 [J]. 电力系统自动化，2013，37 (21)：156 – 159，164.

[75] 尹鹏，杨仁树，丁日佳，王文博．基于熵权法的房地产项目建筑质量评价 [J]. 技术经济与管理研究，2013 (3)：3 – 7.

[76] 付强，付红，王立坤．基于加速遗传算法的投影寻踪模型在水质评价中的应用研究 [J]. 地理科学，2003 (2)：236 – 239.

[77] 黄勇辉，朱金福．基于加速遗传算法的投影寻踪聚类评价模型研究与

应用［J］. 系统工程，2009，27（11）：107－110.

［78］颜丽娟. 加速遗传算法的投影寻踪模型在新农村建设评价中的应用［J］. 农业技术经济，2013（8）：90－97.

［79］郝立波，田密，赵新运，赵昕，张瑞森，谷雪. 基于实码加速遗传算法的投影寻踪模型在圈定水系沉积物地球化学异常中的应用——以湖南某铅锌矿床为例［J］. 物探与化探，2016，40（6）：1151－1156.

［80］谭永明，孙秀玲. 基于加速遗传算法与投影寻踪的水质评价模型［J］. 水电能源科学，2008，26（6）：42－44.

［81］王淑娟. 基于投影寻踪模型和加速遗传算法的石羊河流域水资源承载力综合评价［J］. 地下水，2009，31（6）：82－84.

［82］张学喜，王国体，张明. 基于加速遗传算法的投影寻踪评价模型在边坡稳定性评价中的应用［J］. 合肥工业大学学报：自然科学版，2008（3）：430－432，454.

［83］付业勤，郑向敏，郑文标，等. 旅游危机事件网络舆情的监测预警指标体系研究［J］. 情报杂志，2014（8）：184－189.

［84］瞿志凯，张秋波，兰月新，等. 暴恐事件网络舆情风险预警研究［J］. 情报杂志，2016，35（6）：40－46.

［85］刘晓亮. 涉军网络舆情监测指标体系构建［J］. 情报探索，2017，1（3）：1－4.

［86］肖丽妍，齐佳音. 基于微博的企业网络舆情社会影响力评价研究［J］. 情报杂志，2013，32（5）：5－10.

［87］陈龙. 高校舆情强度评测指标体系的构建与应用［J］. 现代情报，2014，34（9）：65－70.

［88］李立煊，杨腾飞. 基于新浪微博的政府负面网络舆情态势分析［J］. 情报杂志，2015（10）：97－100.

［89］林琛. 基于网络舆论形成过程的舆情指标体系构建研究［J］. 情报科学，2015（1）：146－149.

［90］王静茹，金鑫，黄微. 多媒体网络舆情危机监测指标体系构建研究［J］. 情报资料工作，2017（6）：25－32.

［91］郭亚军. 综合评价理论与方法［M］. 北京：科学出版社，2002：15－18.

［92］范柏乃，单世涛. 城市技术创新能力评价指标筛选方法研究［J］. 科

学学研究，2002，20（6）：663－668.

［93］刘爽．基于熵权法与TOPSIS模型的高校图书馆电子资源绩效评价实证研究［D］．沈阳：辽宁大学，2016.

［94］范语馨，史志华．基于模糊层次分析法的生态环境脆弱性评价——以三峡水库生态屏障区湖北段为例［J］．水土保持学报，2018，32（1）：91－96.

［95］郭宇，王晰巍，杨梦晴．网络社群知识消费用户体验评价研究——基于扎根理论和BP神经网络的分析［J］．情报理论与实践，2018（3）：117－122，141.

［96］张亚明，刘婉莹，刘海鸥．基于Vague集的微博舆情评估体系研究［J］．情报杂志，2014，33（4）：84－89.

［97］张艳岩．基于支持向量机的网络舆情危机预警研究［D］．南昌：江西财经大学，2013.

［98］赵巍飞，万俊强．五元联系数－熵权法的航空公司风险评价［J］．科学技术与工程，2018，18（5）：347－352.

［99］谢贤健，韦方强，张继，石勇国，韩光中，胡学华．基于投影寻踪模型的滑坡危险性等级评价［J］．中国地质大学学报：地球科学，2015，40（9）：1598－1606.

［100］吴春梅，罗芳琼．投影寻踪技术的理论及应用研究进展［J］．柳州师专学报，2009，24（1）：120－125.

［101］余航，王龙，文俊，田琳，张茂堂．基于投影寻踪原理的云南旱灾评估［J］．中国农学通报，2012，28（8）：267－270.

［102］张竞竞，郭志富．基于投影寻踪模型的河南省农业旱灾风险评价［J］．干旱区资源与环境，2016，30（6）：83－88.

［103］张玉佳，基于改进投影寻踪的供应链融资风险评价研究［D］．邯郸：河北工程大学，2012.

［104］李喆．基于投影寻踪模型的网络舆情评价［J］．计算机仿真，2017，34（4）：391－395.

［105］黄星，刘樑．突发事件网络舆情风险评价方法及应用［J］．情报科学，2018，36（4）：3－9.

［106］刘奕君，赵强，郝文利．基于遗传算法优化BP神经网络的瓦斯浓度预测研究［J］．矿业安全与环保，2015，42（2）：56－60.

［107］马永杰，云文霞．遗传算法研究进展［J］．计算机应用研究，2012，

29（4）：1201－1206，1210.

［108］朱钰，韩昌佩．一种种群自适应收敛的快速遗传算法［J］．计算机科学，2012，39（10）：214－217.

［109］葛继科，邱玉辉，吴春明，蒲国林．遗传算法研究综述［J］．计算机应用研究，2008（10）：2911－2916.

［110］谭婷婷．微内容推荐路径优化的加速遗传算法研究［J］．图书情报工作，2013，57（9）：119－123，134.

［111］晁迎，覃锡忠，曹传玲，邓磊，刘汉兴．加速遗传算法在移动通信基站规划中的应用［J］．新疆大学学报：自然科学版，2016，33（1）：94－98，101.

［112］房凯，诸晓华，冯英艳．基于实数编码的加速遗传算法在水闸消力池设计中的研究应用［J］．江苏水利，2014（9）：19－21.

［113］袁朝阳．基于加速遗传算法的钢与混凝土组合构件优化研究［D］．合肥：合肥工业大学，2016.

［114］付强，付红，王立坤．基于加速遗传算法的投影寻踪模型在水质评价中的应用研究［J］．地理科学，2003（2）：236－239.

［115］黄勇辉，朱金福．基于加速遗传算法的投影寻踪聚类评价模型研究与应用［J］．系统工程，2009，27（11）：107－110.

［116］颜丽娟．加速遗传算法的投影寻踪模型在新农村建设评价中的应用［J］．农业技术经济，2013（8）：90－97.

［117］郝立波，田密，赵新运，赵昕，张瑞森，谷雪．基于实码加速遗传算法的投影寻踪模型在圈定水系沉积物地球化学异常中的应用——以湖南某铅锌矿床为例［J］．物探与化探，2016，40（6）：1151－1156.

［118］谭永明，孙秀玲．基于加速遗传算法与投影寻踪的水质评价模型［J］．水电能源科学，2008，26（6）：42－44.

［119］王淑娟．基于投影寻踪模型和加速遗传算法的石羊河流域水资源承载力综合评价［J］．地下水，2009，31（6）：82－84.

［120］张学喜，王国体，张明．基于加速遗传算法的投影寻踪评价模型在边坡稳定性评价中的应用［J］．合肥工业大学学报：自然科学版，2008（3）：430－432，454.

［121］李昌祖，左蒙．舆情的分级与分类研究［J］．中共杭州市委党校学报，2015，3（47）：47－53.

[122] 赵领娣，边春鹏. 风暴潮灾害综合损失等级划分标准的研究 [J]. 中国渔业经济，2012，30 (3)：42-49.

[123] 石先武，刘钦政，王宇星. 风暴潮灾害等级划分标准及适用性分析 [J]. 自然灾害学报，2015，24 (3)：161-168.

[124] 董振宁，刘文娟，王卓，何斌. 订单融资业务风险等级评价研究 [J]. 运筹与管理，2017，26 (2)：140-145.

[125] 姜菲菲，孙丹峰，李红，周连第. 北京市农业土壤重金属污染环境风险等级评价 [J]. 农业工程学报，2011，27 (8)：330-337.

[126] 毛正君，杨绍战，朱艳艳，李广平，来弘鹏，李法坤. 基于 F-AHP 法的隧道突涌水风险等级评价 [J]. 铁道科学与工程学报，2017，14 (6)：1332-1339.

[127] 张浩. 互联网舆情等级划分机制研究 [J]. 通讯世界，2015 (15)：229-230.

[128] 周建波. 中国管理学建构与演化——基于哲学四分法与管理文化结构的推演 [J]. 管理学报，2008 (6)：781-791.

[129] 刘海燕，邓淑红，郭德俊. 成就目标的一种新分类——四分法 [J]. 心理科学进展，2003 (3)：310-313.

[130] Friedman, J H & Tukey, J W. A projection pursuit algorithm for exploratory data analysis [J]. IEEE Transactions on Computers, 1974, C-23 (9): 881-890.

[131] Huber, P J. Projection pursuit [J]. The Annals of Statistics, 1985: 435-475.

[132] Friedman, J H & Stuetzle, W. Projection pursuit regression [J]. Journal of the American statistical Association, 1981, 76 (376): 817-823.

[133] ZHOU, J H, ZHOU, Y F & ZHOU, J. Relativity between Regional Dust-blowing Intensity and Circulation Dynamical Condition by Remote Sensing Analysis [J]. Journal of Desert Research, 2009, 6.

[134] Ellison, N B, Steinfield, C & Lampe, C. The benefits of Facebook "friends:" Social capital and college students' use of online social network sites [J]. Journal of computer-mediated communication, 2007, 12 (4): 1143-1168.

[135] Sznajd-Weron, K & Sznajd, J. Opinion evolution in closed community [J]. International Journal of Modern Physics C,, 2000, 11 (6): 1157-1165.

[136] Andersson, W A, Kennedy, P A & Ressler, E. Handbook of disaster research. H Rodríguez, E L Quarantelli & R R Dynes (Eds.) [J]. New York: Springer, 2006: 489 - 507.

[137] Jacob, M & Hellström, T. Policy understanding of science, public trust and the BSE - CJD crisis [J]. Journal of Hazardous Materials, 2000, 78 (1 - 3): 303 - 317.

[138] Lax, J R & Phillips, J H. How should we estimate public opinion in the states? [J]. American Journal of Political Science, 2009, 53 (1): 107 - 121.

[139] Peng, Y, Kou, G, Shi, Y & Chen, Z. A descriptive framework for the field of data mining and knowledge discovery [J]. International Journal of Information Technology & Decision Making, 2008, 7 (4): 639 - 682.

[140] Watts, D J & Dodds, P S. Influentials, networks, and public opinion formation [J]. Journal of consumer research, 2007, 34 (4): 441 - 458.

[141] Esuli, A. Automatic generation of lexical resources for opinion mining: models, algorithms and applications [J]. VDM Publishing, 2010.

[142] Miao, A X, Zacharias, G L & Kao, S P. A computational situation assessment model for nuclear power plant operations [J]. IEEE Transactions on Systems, Man, and Cybernetics - Part A: Systems and Humans, 1997, 27 (6): 728 - 742.

[143] Pearl J. Probabilistic Reasoning in Intelligent Systems: Networks of Plausible Inference (Judea Pearl) [J]. Artificial Intelligence, 1990, 48 (8): 117 - 124.

[144] Zhao, L, Wang, Q, Cheng, J, Zhang, D, Ma, T, Chen, Y & Wang, J. The impact of authorities' media and rumor dissemination on the evolution of emergency [J]. Physica A: Statistical Mechanics and its Applications, 2012, 391 (15): 3978 - 3987.

[145] Liu, C H, Tzeng, G H & Lee, M H. Improving tourism policy implementation - The use of hybrid MCDM models. Tourism Management, 2012, 33 (2): 413 - 426.

[146] J H Holland, 1975. Adaptation in Natural Artificial Systems. AnnArbor; University of Michigan press.